教育部现代学徒制试点院校系列教材

高职高专大数据技术及应用"十三五"规划教材

Python

程序设计项目实训

向春枝　郭红艳　李　涛◎主　编

丁肖摇　李全武　王　宇◎副主编

Python

CHENGXU SHEJI

XIANGMU

SHIXUN

U0310426

中国铁道出版社有限公司

CHINA RAILWAY PUBLISHING HOUSE CO., LTD.

内 容 简 介

本书在内容体系上与编者编写的《Python 程序设计项目化教程》（中国铁道出版社有限公司出版）紧密配合，主要包括 8 个实验。每个实验包括实验目的、实验预备知识和实验内容。其中，实验内容包括基础实验、延伸实验和综合实验三个部分。基础实验的目标是强化概念理解，分步启发引导学生在编程调试过程中进行自我知识总结；延伸实验是基于几个知识点的综合利用，提升学生对知识点的综合理解；综合实验则是培养学生综合应用知识进行实际项目开发的能力。

本书适合作为高职高专院校大数据技术与应用、计算机网络技术等计算机相关专业的程序设计基础课程配套教材，也可作为其他专业学习 Python 编程的入门教材。

图书在版编目（CIP）数据

Python程序设计项目实训/向春枝，郭红艳，李涛主编.— 北京：
中国铁道出版社有限公司，2019.9（2020.7重印）
教育部现代学徒制试点院校系列教材　高职高专大数据技术及应用
"十三五"规划教材
ISBN 978-7-113-26202-0

Ⅰ.①P… Ⅱ.①向… ②郭… ③李… Ⅲ.①软件工具-程序设计-高等
职业教育-教材 Ⅳ.①TP311.561

中国版本图书馆CIP数据核字(2019)第187592号

书　　名：Python 程序设计项目实训
作　　者：向春枝　郭红艳　李　涛

策　　划：韩从付　　　　　　　　　　　　　　编辑部电话：010-51873090
责任编辑：周海燕　徐盼欣
封面设计：MX DESIGN STUDIO Q:1765628429
责任校对：张玉华
责任印制：樊启鹏

出版发行：中国铁道出版社有限公司（100054，北京市西城区右安门西街 8 号）
网　　址：http://www.tdpress.com/51eds/
印　　刷：三河市航远印刷有限公司
版　　次：2019 年 9 月第 1 版　2020 年 7 月第 2 次印刷
开　　本：787 mm×1 092 mm　1/16　印张：11　字数：199 千
书　　号：ISBN 978-7-113-26202-0
定　　价：34.00 元

编 委 会

主　任：

甘　勇　河南省高等学校计算机教育研究会、郑州工程技术学院

副主任：

李学相　郑州大学

何　欣　河南大学

向春枝　河南广播电视大学

委　员：（按照姓氏笔画排序）

序

FOREWORD

随着信息技术的不断发展，人类在计算的"算力""算法""数据"等方面的能力水平达到前所未有的高度。由此引发的数据科学与大数据技术及人工智能技术浪潮将极大地推动和加速人类社会各个方面的深刻变革。世界各国清楚地认识到数据科学与智能的重要性和前瞻性，相继制定有关的发展政策、战略，希望能够占领高新技术的前沿高地，把握最新的核心技术和竞争力。

在大数据及人工智能发展浪潮中，我国敏锐地把握住时代的机遇以求得到突破性的发展。十八届五中全会首次提出"国家大数据战略"，发布了《促进大数据发展行动纲要》；2017 年，《大数据产业发展规划（2016—2020 年）》实施。党的十九大提出"推动互联网、大数据、人工智能和实体经济深度融合"，习近平总书记在政治局集体学习中深刻分析了我国大数据发展的现状和趋势，对我国实施国家大数据战略提出了更高的要求。2016 年教育部批准设立数据科学与大数据技术本科专业和大数据技术与应用专科专业，引导高校加快大数据人才培养，以适应国家大数据战略对人才的需求。我国大数据人才培养进入快速发展时期，据统计，到 2018 年 3 月，我国已有近 300 所高校获批建设"数据科学与大数据技术"专业，2019 年 9 月，设立这一专业的高校将增至 500 所。仅河南省设立"数据科学与大数据技术"专业的本科高校达到 36 所，设立"大数据技术与应用"专业的高职高专院校达到 38 所。然而，当前我国高校的大数据教学尚处于摸索阶段，尤其缺乏成熟的、系统性和规范性的大数据教学体系和教材。2017 年 2 月，教育部在复旦大学召开"高等工程教育发展战略研讨会"达成"复旦共识",随后从"天大行动"到"北京指南",掀起新工科建设的热潮,各高校积极开展新理念、新结构、新模式、新质量和新体系的新工科建设模式的探索。2018年10月,教育部发布了《关于加快建设发展新工科实施卓越工程师教育培养计划2.0的意见》,提出大力发展"四个新"(新工科、新医科、新农科、新文科),推动各地各高校加快构建大数据、智能制造、机器人等10个新兴领域的专业课程体系。为了落实国家战略、加快大数据新工科专业建设、加速人才培养、提供人才支撑,都需要更多地关注数据科学与大数据技术及人工智能相关专业教材的建设和出版工作。为此河南省高等学校计算机教育研究会组织河南省高校与中国铁道出版社有限公司、中科院计算技术研究所和相关企业联合成立了编委会,将分别面向本科和高职高专编写教材。

本编委会将秉承虚心求教、博采众长的学习态度,积极组织一线教师、科研人员和企业工程师一起面向新工科开展大数据领域教材的编写工作,以期为蓬勃发展的数据科学与大数据专业建设贡献我们的绵薄之力。毋庸讳言,由于编委会自身水平有限,编著过程中难免出现诸多疏漏与不妥之处,还望读者不吝赐教!

编委会

2019年6月

前　　言

PREFACE

随着人工智能、大数据时代的来临，Python成为人们学习编程的首选，各高职高专院校的计算机相关专业特别是大数据技术与应用、计算机网络技术等专业也逐渐把Python作为程序设计课程的首选语言。

本书是中国铁道出版社有限公司出版的《Python程序设计项目化教程》的配套用书。全书共分为8个实验，前7个实验是Python各个知识点的针对性练习，第8个实验是综合实验。

每个实验由实验目的、实验预备知识、实验内容组成。实验内容由浅入深、循序渐进，知识点全面，并有目的地针对学习Python语言过程中遇到的重点和难点进行实验设计，强调实用性和易学性，可以帮助读者进一步熟悉和掌握Python语言的语法知识及程序设计的技巧。

Python程序设计是实践性很强的课程，学好这门课的一个有效方法就是多上机实践。本书从实际教学出发，加强了对Python语言的重点和难点知识点的指导。在实践过程中，深化学生对理论知识的认识，使学生掌握Python语言的基本语法和程序设计的基本方法，让学生基本具备使用Python开发实际系统的能力，并培养学生解决实际问题的能力。每个实验都按照基础实验、延伸实验、综合实验进行相关实验设计，强调循序渐进地进行学习，通过基础实验掌握相关章节的基本知识点，通过延伸试验进行部分知识点的融合练习，通过综合实验对章节内容进行综合性训练。

本书由向春枝、郭红艳、李涛任主编，由丁肖摇、李全武、王宇任副主编，杨丽、吴思宇、于鹏、陈永波、吕振雷、张大鹏参与编写。编者分别来自郑州信息科技职业学院、河南职业技术学院、黄河水利职业学院及新华三技术有限公司。

本书适合作为高职高专院校大数据技术与应用、计算机网络技术等计算机相关专业的程序设计基础课程配套教材，也可作为其他专业学习Python编程的配套入门教材。本书配备有相关电子资源，读者可登录中国铁道出版社有限公司官方网站（http://www.tdpress.com/51eds/）下载或联系编者索要。

　　本书所有程序在Python 3.7版本下调试运行通过。由于编者水平有限，加之时间仓促，书中难免有不妥及疏漏之处，恳请广大读者批评指正。编者的电子邮箱为xtz_book@sina.com，欢迎读者来信交流。

编　者

2019年7月

目　　录

CONTENTS

实验 1 Python 基础知识

一、实验目的

（1）理解并掌握Python的基本语法。

（2）理解并合理使用Python的变量和数据类型。

（3）理解并合理使用Python的常用运算符。

二、实验预备知识

复习Python主教材，掌握校园大数据学生"画像"系统的输入/输出模块的基础知识。

三、实验内容

1. 基础实验

（1）Python提供了input( )（输入）函数，用来将外界输入的数据以字符串的形式存入计算机内部；提供了print( )（输出）函数，用来将计算机内部的信息输出，除了引号（单引号、双引号、三引号）括起来的数据要原样输出外，还需要注意格式化输出的相关知识。

实验1-1　将一条消息存储在变量中，再将其打印出来。

输入：None

输出：

```
This is a message.
```

答案解析：print( )函数的最基本用法。

```
# 将消息存储在 message 中
message = "This is a message."
print(message)
```

实验1-2　将一条消息存储在变量中，再将其打印出来。将其变量修改为另一条新消息，并将它再次打印出来。

输入：None

输出：

```
This is a message.
This is a new message.
```

答案解析：print( )函数的最基本用法。

```
# 将消息存储在 message 中
message = "This is a message."
# 输出
print(message)
# 修改 message 的值
message = "This is a new message."
# 输出
print(message)
```

实验1-3　将用户的姓名存储在变量之中，并向用户显示一条信息。

输入：姓名，如peter。

输出：

```
Hello Peter,would you like to learn some Python today?
```

答案解析：print( )函数的最基本用法。

```
# 将用户姓名存储在 userName 中
userName = input("亲，请输入姓名：")
# 格式化输出
print("Hello "+userName+ ", would you like to learn some Python today?")
```

实验1-4　采用print( )函数实现如下效果：

```
*
**
****
********
****************
********
```

```
****
**
*
```

答案解析:

第一种解决方案: print( )函数的最基本用法, 引号内内容原样输出。

```
print("*")
print("**")
print("****")
print("********")
print("****************")
print("********")
print("****")
print("**")
print("*")
```

第二种解决方案: 使用print( )函数同时输出多行。总体思想和第一种解决方案相同。

```
print('''
*
**
****
********
****************
********
****
**
*
''')
```

第三种解决方案: 使用input( )函数和print( )函数。

```
shuru1 = input("请输入一个 *")
shuru2 = input("请输入两个 *")
shuru3 = input("请输入四个 *")
shuru4 = input("请输入八个 *")
shuru5 = input("请输入十六个 *")
shuru6 = input("请输入八个 *")
shuru7 = input("请输入四个 *")
shuru8 = input("请输入两个 *")
shuru9 = input("请输入一个 *")
print(shuru1)
print(shuru2)
```

```
print(shuru3)
print(shuru4)
print(shuru5)
print(shuru6)
print(shuru7)
print(shuru8)
print(shuru9)
```

（2）Python提供了格式化输出，编程人员采用格式化输出可根据程序需要输出想要的效果。常用的格式化输出占位符有浮点型字符%f、整型字符%d、字符型字符%c。

实验1-5 采用格式化输出如下效果。

```
|--- 欢迎新同学 ---|
请输入学生的姓名:张三
请输入学生的性别:男
请输入学生的家庭住址:河南省郑州市
请输入学生的爱好:编程
请输入学生的电话:152900071306
请输入学生的邮箱:15290071306@163.com
请输入学生的成绩:74
    您的姓名是:            张三
    您的性别是:                     男
    您的家庭住址是:              河南省郑州市
    您的爱好是:                          编程
    您的电话是:152900071306
    您的邮箱是:          15290071306@163.com
    您的成绩是:74
```

答案解析： 输入语句可以采用input( )进行提示输入，输出语句采用格式化输出，由于input( )语句接收的是字符串类型，print( )语句输出的结果和input( )语句输入的结果一致，需要用到%s作为输出的格式符，唯一的不同点是输出结果左侧有空格。例如，左侧需要10个空格，那么整型、字符型就可以写成%10d和%10s。

```
print('''|--- 欢迎新同学 ---|''')
name = input('请输入学生的姓名:')
sex = input('请输入学生的性别:')
address = input('请输入学生的家庭住址:')
hobby = input('请输入学生的爱好:')
tel = input('请输入学生的电话:')
email = input('请输入学生的邮箱:')
scores = input('请输入学生的成绩:')
# 控制输出格式为字符串,且距离左侧10个空格
```

```
print(' 您的姓名是：%10s'%(name))
# 控制输出格式为字符串，且距离左侧 20 个空格
print(' 您的性别是：%20s'%(sex))
# 控制输出格式为字符串，且距离左侧 30 个空格
print(' 您的家庭住址是：%30s'%(address))
# 控制输出格式为字符串，且距离左侧 40 个空格
print(' 您的爱好是：%40s'%(hobby))
# 控制输出格式为字符串
print(' 您的电话是：%s'%(tel))
# 控制输出格式为字符串，且距离左侧 30 个空格
print(' 您的邮箱是：%30s'%(email))
# 函数输出 (print)
print(' 您的成绩是：', scores)
```

实验1-6　制作趣味模板程序。

需求：等待用户输入名字、地点、爱好，根据用户的名字和爱好显示内容。例如：

```
亲爱的 ××××，最喜欢在 ×××× 地方 ××××
```

答案解析：

第一种解决方案：Python输入函数（input( )）和输出函数（print( )）。

```
# 输入函数（input()）
name = input("请输入你的名字：")
place = input("请输入你经常去的地方：")
like = input("请输入你平时的爱好：")
# 输出函数（print()）
print (' 亲爱的 ', name, ',', ' 最喜欢在 ', place, ' 地方 ', like)
```

第二种解决方案：解题思路同第一种解决方案。

```
# 输入函数（input()）
test = " 亲爱的 {0}，最喜欢在 {1} 地方 {2}"
name = input("请输入你的名字：")
place = input("请输入你经常去的地方：")
like = input("请输入你平时的爱好：")
# 调用 format() 格式化函数
v = test.format(name, place, like)
# 输出函数（print()）
print(v)
```

（3）强制类型转换是指将一个变量类型强制转换为另一个变量类型的过程，它的主要目的是将两个类型不同的变量转换为类型一致的变量，从而进行相关操作。Python中常用的变量转换函数有int(x [,base])、float(x)、str(x)、tuple(x)和list(x)等。

实验1-7 仔细阅读以下代码，找出错误并进行修改。

```
print('''|--- 欢迎新同学 ---|''')
name = input('请输入学生的姓名:')
sex = input('请输入学生的性别:')
address = input('请输入学生的家庭住址:')
hobby = input('请输入学生的爱好:')
tel = input('请输入学生的电话:')
email = input('请输入学生的邮箱:')
scores = input('请输入学生的成绩:')
print('您的姓名是: ', name)
print('您的性别是: ', sex)
print('您的家庭住址是: ', address)
print('您的爱好是: ', hobby)
print('您的电话是: ', tel)
print('您的邮箱是: ', email)
print('您的成绩是: %.2f' %(scores))
```

程序运行结果如下：

```
|--- 欢迎新同学 ---|
请输入学生的姓名:张三
请输入学生的性别:男
请输入学生的家庭住址:河南省郑州市
请输入学生的爱好:编程
请输入学生的电话:15290071306
请输入学生的邮箱:15290071306@163.com
请输入学生的成绩:74
您的姓名是:  张三
您的性别是:  男
您的家庭住址是:  河南省郑州市
您的爱好是:  编程
您的电话是:  15290071306
您的邮箱是:  15290071306@163.com
Traceback(most recent call last):
    File "C:/Users/computer/PycharmProjects/python/example.py", line 15,
    in <module>
print('您的成绩是: %.2f' %(scores))
TypeError: must be real number, not str
```

答案解析： 除了所讲述的print( )函数和input( )函数外，还需要学生掌握数据类型转换和字符串的格式化输出等相关知识点。因为input( )函数将接收到内容以字符串的形式进行存储，所以scores接收到的学生成绩是字符串类型。然而，在输出语句中采用的是以浮点型f进行输出，故需要将字符串类型转换为浮点类型。

利用数据类型转换和字符串的格式化输出等相关知识点，对程序进行修改如下：

```
print('''|--- 欢迎新同学 ---|''')
# 输入函数（input()）
name = input('请输入学生的姓名:')
sex = input('请输入学生的性别:')
address = input('请输入学生的家庭住址:')
hobby = input('请输入学生的爱好:')
tel = input('请输入学生的电话:')
email = input('请输入学生的邮箱:')
scores = float(input('请输入学生的成绩:'))
# 输出函数（print()）
print('您的姓名是: ', name)
print('您的性别是: ', sex)
print('您的家庭住址是: ', address)
print('您的爱好是: ', hobby)
print('您的电话是: ', tel)
print('您的邮箱是: ', email)
# 格式化输出，%.2 小数点后保留两位小数
print('您的成绩是: %.2f' %(scores))
```

（4）要对数据进行操作运算，除了变量（操作数）外，还需要一定的操作符。Python常用的运算符有算术运算符、比较（关系）运算符、赋值运算符、位运算符、逻辑（关系）运算符、成员运算符等。

实验1-8 编程实现求学生的总成绩。

输入：学生的姓名、学生的语文成绩、学生的数学成绩、学生的英语成绩和学生的理综成绩。

输出：学生的姓名、学生的语文成绩、学生的数学成绩、学生的英语成绩、学生的理综成绩和学生的总成绩。

答案解析：

第一种解决方案：输入/输出知识点、string类型强制转换为int知识点，以及算术运算符+知识点。

```
# 输入函数（input()）
name = input('请输入学生的姓名:')
scores_chinese = input('请输入学生的语文成绩:')
```

```
scores_mathe = input('请输入学生的数学成绩:')
scores_english = input('请输入学生的英语成绩:')
scores_science = input('请输入学生的理综成绩:')
# 变量类型转换,string 类型转换为 int 类型
Nscores_chinese = int(scores_chinese)
Nscores_mathe = int(scores_mathe)
Nscores_english = int(scores_english)
Nscores_science = int(scores_science)
# 算术运算符,加法(+)求和
scores = Nscores_chinese+Nscores_mathe+Nscores_english+Nscores_science
# 输出函数(print())
print('您的姓名是: ', name)
print('您的语文成绩是: ', scores_chinese)
print('您的数学成绩是: ', scores_mathe)
print('您的英语成绩是: ', scores_english)
print('您的理综成绩是: ', scores_science)
print('您的总成绩是: ', scores)
```

第二种解决方案:将用户输入的成绩直接转换为int型。总体思想和第一种解决方案相同。

```
# 输入函数(input())
name = input('请输入学生的姓名:')
# 输入函数(input())和变量类型转换(string 转换为 int)
scores_chinese = int(input('请输入学生的语文成绩:'))
scores_mathe = int(input('请输入学生的数学成绩:'))
scores_english = int(input('请输入学生的英语成绩:'))
scores_science = int(input('请输入学生的理综成绩:'))
# 加法求和
scores = scores_chinese+scores_mathe+ scores_english+ scores_science
# 输出函数(print())
print('您的姓名是: ', name)
print('您的语文成绩是: ', scores_chinese)
print('您的数学成绩是: ', scores_mathe)
print('您的英语成绩是: ', scores_english)
print('您的理综成绩是: ', scores_science)
print('您的总成绩是: ', scores)
```

实验1-9 用户随机输入两个数字,根据算术运算符,实现简单的计算器功能。

答案解析:算术运算符的用法。

```
num1 = float(input("请输入第一个数字"))
num2 = float(input("请输入第二个数字"))
```

```
num3 = 0
# 算术运算符 +
num3 = num1+num2
print(" 两个数字执行算术运算符 (+) 的结果为：",num3)
# 算术运算符 -
num3 = num1-num2
print(" 两个数字执行算术运算符 (-) 的结果为：",num3)
# 算术运算符 *
num3 = num1*num2
print(" 两个数字执行算术运算符 (*) 的结果为：",num3)
# 算术运算符 /
num3 = num1/num2
print(" 两个数字执行算术运算符 (/) 的结果为：",num3)
# 算术运算符 %
num3 = num1%num2
print(" 两个数字执行算术运算符 (%) 的结果为：",num3)
# 算术运算符 **
num3 = num1**num2
print(" 两个数字执行算术运算符 (**) 的结果为：",num3)
# 算术运算符 //
num3 = num1//num2
print(" 两个数字执行算术运算符 (//) 的结果为：",num3)
```

实验1-10 用户随机输入直角三角形的两个直角边长，程序输出斜边的长度。

答案解析：算术运算符中幂运算符（**）的用法。同时扩展引用Python的math函数。

```
# 导入数学库函数
import math
# 输入函数（input()）
a = float(input(" 请输入直角边 1 的长度 ")) # 输入实数
b = float(input(" 请输入直角边 2 的长度 ")) # 输入实数
# 幂运算，计算斜边的平方
c = a*a+b*b                              # 计算，得到的是斜边的平方值
# 引用数学库函数，进行开方运算
c = sqrt(c)                             # 开方，得到的是斜边长
# 输出函数（print()）
print(" 斜边长为：",c)# 显示，一项是字符串，一项是 c 表示的斜边长
```

实验1-11 用户输入秒数，系统输出该秒数是由几天几小时几分钟几秒钟组成的。例如：用户输入145893，程序输出"145893秒为1天，16小时，31分钟，33秒"。

答案解析：算术运算符中，取整除运算符（//）和取余数运算符（%）的用法。

```
# 调用输入函数（input()）进行输入并进行变量类型的转换
total = int(input("请输入一个数字，代表秒数"))
# 整除运算符和乘法运算符，计算天
day = total //(24*60*60)
# 取余运算符（%）、取整除运算符（//）和乘法运算符（*），计算时
hour = (total %(24*60*60)) //(60*60)
# 取余运算符（%）、取整除运算符（//）和乘法运算符（*），计算分
minute = (total %(60*60)) // 60
# 取余运算符（%），计算秒
second = total % 60
# 输出函数（print()）进行格式化输出，%d 表示以十进制整数的形式进行输出
print("%d 秒为 %d 天，%d 小时，%d 分钟，%d 秒 " %(total, day, hour, minute,
second))
```

实验1-12　用户依次输入语文分数、数学分数、英语分数，输出总分和平均分。

答案解析：算术运算符中加法运算符（＋）和除法运算符（/）的用法。

```
# 输入函数（input()）和变量类型转换
chinese = int(input("请输入语文分数："))
maths = int(input("请输入数学分数："))
english = int(input("请输入英语分数："))
# 输出函数，%.2f 是输出格式，表示保留小数点后 2 位
print(" 本次考试的总分：%.2f, 平均分：%.2f" %((chinese+maths+english),(chinese
+maths+english)/3))
```

（5）比较运算符操作符表示对运算符两侧的值进行比较，并确定它们之间的关系。

实验1-13　用户随机输入两个数字，根据比较运算符，输出两个操作数之间的关系。

输入：任意两个整型操作数。

输出：操作数之间的关系。例如，5>4，输出5大于4。

答案解析：比较运算符的用法。

```
# 输入函数（input()）、变量类型转换
a = int(input("请输入第一个操作数："))
b = int(input("请输入第二个操作数："))
# 比较左右两侧操作数是否相等
if(a == b):
    print("Line 1-a is equal to b")
else:
    print("Line 1-a is not equal to b")
# 比较左右两侧操作数是否不等
if(a != b):
    print("Line 2-a is not equal to b")
```

```
else:
    print("Line 2-a is equal to b")
# 比较左侧操作数是否小于右侧操作数
if(a < b):
    print("Line 3-a is less than b" )
else:
    print("Line 3-a is not less than b")
# 比较左侧操作数是否大于右侧操作数
if(a > b):
    print("Line 4-a is greater than b")
else:
    print("Line 4-a is not greater than b")
# 左侧操作数和右侧操作数互换
    a,b=b,a                    #a 和 b 的值进行交换
# 比较左侧操作数是否小于或等于右侧操作数
if(a <= b):
    print("Line 5-a is either less than or equal to  b")
else:
    print("Line 5-a is neither less than nor equal to  b")
# 比较左侧操作数是否大于或等于右侧操作数
if(b >= a):
    print("Line 6-b is either greater than  or equal to b")
else:
    print("Line 6-b is neither greater than  nor equal to b")
```

（6）数据类型是指变量存储在内存中的值，这就意味着在创建变量时会在内存中开辟一个空间。基于变量的数据类型，解释器会分配指定内存，并决定什么数据可以被存储在内存中。因此，变量可以指定不同的数据类型，这些变量可以存储整数、小数或字符。Python中数据类型包括整型、浮点型、字符型、列表类型、元组类型和字典类型等。

实验1-14　将名人的姓名存储在变量name 中，再创建要显示的消息，并将其存储在变量quote 中，然后打印这条消息。

输入：None

输出：

```
William Shakespeare once said,"To be or not to be, that's a question."
```

答案解析：转义字符\的用法。如果字符串中同时包含了单引号（'内容'）、双引号（"内容"）和三引号（"""内容"""），那么就需要用转义字符\来标识。

```
# 将名人姓名存储在 name 中,将名句存储在 quote 之中
# name 字符串类型
```

```
name = "William Shakespeare"
# quote 字符串类型
quote = "\"To be or not to be, that's a question.\""
# title 是字符串类型的一个函数，表示字符串中所有单词首字母大写，+ 表示字符串的连接
print(name.title()+" once said,"+quote)
```

实验1-15　编程实现语句换行功能。例如，I'm ok. I'm learning python.这一句话，通过输出函数（print( )）输出为①I'm ok.②I'm learning③ python.这三句话。

答案解析：转义字符知识点。转义字符\可以转义很多字符，比如\n表示换行，\t表示制表符，字符\本身也需要转义，所以\\表示的字符就是\，等等。

```
# 输出函数（print()）、转义字符、换行字符 \n 知识点
print(' I\'m ok. \n I\'m learning\n python.')
```

实验1-16　用户自定义两个字符串，将两个字符串进行连接。

答案解析：

第一种解决方案：变量的数据类型（字符串类型）、字符串连接符（+）。

```
# 字符串的连接，通过 "+" 进行连接
# 第一个字符串
s1 = 'welcome '
# 第二个字符串
s2 = 'to zhengzhou'
# 输出函数（print()）和字符串连接符号 "+"
print(s1+s2)
```

第二种解决方案：使用 "," 进行连接（tuple类型）。

```
# 使用 ", " 连接的时候，在 ", " 的位置会产生一个空格
# 第一个字符串
s1 = 'welcome '
# 第二个字符串
s2 = 'to zhengzhou'
# 输出函数（print()）
print(s1, s2)
```

第三种解决方案：使用%格式化连接。

```
# 使用 % 进行格式化连接，%s 代表字符串的格式
# 第一个字符串
s1 = ' welcome '
# 第二个字符串
s2 = ' to zhengzhou '
# 输出函数（print()）和格式化输出字符串
```

```
print("%s %s"%(s1, s2))
```

第四种解决方案：使用join( )函数进行连接。

```
# 使用 % 进行格式化连接，%s 代表字符串的格式
# s1 保存两个字符串
s1 = [' welcome', ' to zhengzhou']
# join() 函数将序列中的元素以指定的字符连接生成一个新的字符串
print("".join(s1))
```

实验1-17　编程人员随机输入一个字符，实现字符的重复输出。例如，输入"*"，重复10次，输出的是"**********"。

答案解析：采用乘法的方法，实现字符串的重复输出。

```
# 实现字符串的重复输出
# 第一个字符串
s1 = '*'
print(s1*10)
```

实验1-18　自定义列表保存学生姓名，用户任意输入一个名字，判断该同学是否为本班学生。

答案解析：列表的定义、输入函数（input()）、成员运算符。

```
# 定义列表，保存班级学生姓名
name_list = [ 张三 , 李四 , 王五 , 赵六 , 钱七 ];
# 采用 input 语句输入学生姓名
a = input(" 请输入学生姓名 ")
# 使用 if…else 语句进行判断，判断结果为 True 或 False，根据结果有选择地执行相应的输出
（print()）语句。使用 in 操作符，是为了判断指定元素是否在列表中，在则为真，不在则为假
if(a in name_list ):
    print(" 该生是本班学生 ")
else:
    print(" 该生不是本班学生 ")
# 采用 input() 函数输入第二个人名
b = input(" 请输入学生姓名 ")
# not in 操作用来判定用户输入的元素是否在列表中，如果不在则为真，否则为假
if(b not  in name_list ):
    print(" 该生不是本班学生 ")
else:
    print(" 该生是本班学生 ")
```

2. 延伸实验

实验1-19　查看10、10.00、"10.00"、(10,10.00, "10.00")、[10,10.00, "10.00"]的类型。

答案解析：考查type( )函数。

```python
# 定义整型变量10
num1 = 10
# 定义浮点型变量10.00
num2 = 10.00
# 定义字符串类型变量"10.00"
num3 = "10.00"
# 定义元组类型，元组内的元素类型可以是任意的
num4 = (10, 10.00, "10.00")
# 定义列表类型，列表内的元素类型可以是任意的
num5 = [10, 10.00, "10.00"]
# 定义字典类型，字典内的元素类型可以是任意的
num6 = {'第一个数字': 10, '第二个数字':10.00, '第三个数字': "10.00" }
# 使用输出函数（print()）和type()函数检验变量类型
print(type(num1))
print(type(num2))
print(type(num3))
print(type(num4))
print(type(num5))
print(type(num6))
```

实验1-20　学生的语文成绩、数学成绩、英语成绩和理综成绩存放在列表中，计算学生的总成绩。

答案解析：考查列表下标和列表元素之间的关系，同时，需要牢记列表索引从0开始。

```python
# 定义列表，保存学生的语文成绩、数学成绩、英语成绩和理综成绩
scores_list = [100, 100,100,130]
# 列表下标与元素之间的关系，列表下标从 0 开始，下标为 0 代表第一个元素，即语文成绩
scores_chinese = scores_list[0]
# 获取数学成绩
scores_mathe = scores_list[1]
# 获取英语成绩
scores_english = scores_list[2]
# 获取理综成绩
scores_science = scores_list[3]
# 转换变量类型，string 转换为 float
Fscores_chines = float(scores_chinese)
Fscores_mathe = float(scores_mathe)
Fscores_english = float(scores_english)
Fscores_science = float(scores_science)
sum = Fscores_chines+ Fscores_mathe+ Fscores_english+ Fscores_science
print("学生的总成绩为：", sum)
```

实验1-21 用户随机输入3个变量，利用海伦公式计算三角形的面积。海伦公式：$s=(a+b+c)/2$。其中，s表示三角形的面积，a、b、c分别表示三角形的三条边长。

答案解析：输入函数（input( )）、输出函数（print( )）、变量类型转换（string转为float类型）、运算符、操作符的优先级。

```
# 引入数学库函数，采用数学库函数中的开平方函数（sqrt( )）
import math
# 输入三角形的三条边
a = input("请输入三角形的边长a：")
b = input("请输入三角形的边长b：")
c = input("请输入三角形的边长c：")
# 将字符串转换为 float 类型
fa = float(a)
fb = float(b)
fc = float(c)
fd = (fa+fb+fc)/2
area = math.sqrt(fd*(fd-fa)*(fd-fb)*(fd-fc));
print(str.format("三角形的三边分别是：a = {0},b = {1},c = {2}",a,b,c))
print(str.format("三角形的面积 = {0}",area))
```

3. 综合实验

实验1-22 设圆的半径为1.5，圆柱的高为3，求圆的周长、圆的面积、圆柱的体积、圆球的体积、圆柱的表面积、圆球的表面积。

答案解析：输入函数（input( )）、输出函数（print( )）、变量类型转换（string转为float类型）、运算符、操作符的优先级、常量的定义。

```
# 定义常量
PI = 3.14
# 输入圆半径
a = input("输入圆的半径 ")
b = input("输入圆柱的高 ")
# 变量类型转换（string 转换为 float 类型）
a1 = float(a)
b1 = float(b)
# 计算圆的周长
c = PI*a1*2
print("圆的周长为：",c)
# 计算圆的面积
d = PI*a1*a1
print("圆的面积为：",d)
# 计算圆柱的体积
```

```
v = PI*a1*a1*b1
print("圆柱的体积为：",v)
# 计算圆柱的表面积
s = 2*PI*a1*(a1+b1)
print("圆柱的表面积为：",s)
# 计算圆球的体积
s1 = 4/3*PI*a1*a1*a1
print("圆球的体积为：",s1)
# 计算圆球的表面积
s2 = 4*PI*a1*a1
print("圆球的表面积为：",s2)
```

实验1-23 华氏温度F与摄氏温度C转换。转换公式为：$C=(F-32) \times 5/9$和$F=C \times 9/5+32$。

（1）为程序添加注释。

（2）程序运行后，显示"请输入要转换的摄氏温度："，例如：

```
请输入要转换的摄氏温度：26
```

（3）编写代码，利用公式计算相对应的华氏温度，赋值给变量F。

（4）编写代码，输出从摄氏温度转换为华式温度的结果，输出形式为：

```
26摄氏温度转换为华式温度为：78.8
```

（5）编写代码，实现华式温度转换为摄氏温度的过程。

答案解析： 输入函数（input( )）和输出函数（print( )）、变量类型转换、运算符。

```
a = input('请输入要转换的摄氏温度：')
a1 = float(a)
# 摄氏转换华式
F = a1*9/5+32
# 输出结果
print("摄氏温度{}转换为华氏温度为：{}".format(a1, F))
b = input('请输入要转换的华氏温度：')
b1 = float(b)
# 华式转换为摄氏
C = 5/9 *(b1-32)
print("华氏温度{}转换为摄氏温度为：{}".format(b1, C))
```

实验1-24 假设国民生产总值年增长率为r，计算n年后国民生产总值与现在相比增长的百分比。计算公式为：$p=(1+r)^n$。

答案解析： 输入函数（input( )）、输出函数（print( )），运算符、变量类型转换。

```
# 根据国民生产总值增长率r，计算n年后的国民总值增长率
```

```
# 输入增长率和年份
r = input('请输入国民生产总值增长率：')
n = input('请输入需要计算的年份：')
# 转换变量类型
r1 = float(r)
n1 = int(n)
# 计算 n 年后国民总值增长率
p = (1+r1)**(n1)
# 输出国民总值增长率
print("n 年后国民生产总值增长率为：",p)
```

一、实验目的

（1）掌握if、else和elif语句的基本结构与用法。

（2）掌握for、while循环语句的基本结构与用法。

（3）掌握循环语句中常用的break、continue、pass语句。

（4）理解异常的概念和产生原理。

（5）掌握处理异常的几种方式。

二、实验预备知识

（1）Python开发工具的使用。

（2）Python基本程序设计流程和基本语法。

三、实验内容

1. 基础实验

（1）在Python中，判断语句是一种流程控制语句。判断语句实现程序的单分支、双分支、多分支等选择结构，使用布尔表达式作为分支条件来进行控制。按照以下要求实现相关功能。

实验2-1　编写程序，从键盘输入x，输出如下分段函数$f(x)$的值（结果保留2位小数）。

$$f(x)=\begin{cases} x^2 & x<0 \\ 2x & 0 \leqslant x<16 \\ x-6 & 16 \leqslant x<32 \end{cases}$$

答案解析：对于分段函数$f(x)$，函数值和x的取值范围有关，且当x大于32时，函数无意义。使用if...elif...else语句，实现多分支选择结构。

```
#eval() 函数用于执行一个字符串表达式，并返回表达式的值
x = eval(input('请输入 x 的值: '))

if x<0:
    print('函数值是：%.2f' % (x**2))
elif x<16:
    print('函数值是：%.2f' % (2*x))
elif x<32:
    print('函数值是：%.2f' % (x-6))
else:
    print('x 超出范围 ')
```

如果输入–3，得到程序运行结果如下：

```
请输入 x 的值: -3
函数值是：9.00
```

输入不同的x值，得到程序运行结果如下：

```
请输入 x 的值: 2.4
函数值是：4.80
-----------------------------------------------------------------
请输入 x 的值: 28
函数值是：22.00
-----------------------------------------------------------------
请输入 x 的值: 33
x 超出范围
```

判断语句可以放在另一个判断语句中，实现嵌套。

实验2-2 编写程序，根据驾驶员血液酒精含量（以mg/100 mL为单位），判断驾驶员的驾驶行为。我国相关法规规定，酒驾是指车辆驾驶人员血液中的酒精含量大于或等于20 mg/100 mL、小于80 mg/100 mL的驾驶行为；醉驾是指车辆驾驶人员血液中的酒精含量大于或等于80 mg/100 mL的驾驶行为。

答案解析：是否构成酒驾的界限值为20 mg/100 mL；在已确定为酒驾的范围内，是否构成醉驾的界限值为80 mg/100 mL。可以使用两个if…else语句嵌套来实现。

```
alco = int(input('请输入驾驶员每100 mL血液中酒精的含量(mg):'))

if alco<20:
```

```
        print('驾驶员不构成酒驾')
else:
        if alco<80:
            print('驾驶员已构成酒驾')
        else:
            print('驾驶员已构成醉驾')
```

如果输入15，得到程序运行结果如下：

```
请输入驾驶员每 100 mL 血液中酒精的含量 (mg):15
驾驶员不构成酒驾
```

输入不同的值，得到程序运行结果如下：

```
请输入驾驶员每 100 mL 血液中酒精的含量 (mg):20
驾驶员已构成酒驾
-------------------------------------------------------------------------
请输入驾驶员每 100 mL 血液中酒精的含量 (mg):90
驾驶员已构成醉驾
```

（2）循环是指计算机程序周而复始地重复同样的步骤。在Python中，循环语句也是一种流程控制语句。其中，for循环是重复一定次数的循环，可以遍历任何有序的序列，序列中元素的个数决定循环次数。Python提供的内置函数range( )能返回一系列连续增加的整数，经常使用的格式为range(start, end)，用于创建整数序列[start, start+1, …, end−1]。range( )函数经常和for循环一起用于遍历整个序列。

实验2-3 编写程序，从键盘输入a和n，求$a+aa+aaa+\cdots+\overbrace{aa\cdots a}^{n\uparrow a}$的值。例如，从键盘输入$a$的值为2，$n$的值为5，输出24690。规定：$a$和$n$均为正整数，且$1\leqslant a\leqslant 9$。

答案解析：在多项式$a+aa+aaa+aa\cdots a$中，第1项为1位数，第2项为2位数，依此类推，第n项为n位数，每一项的位数依次递增。定义result变量存储多项式的值，初始值为0；定义term变量依次存储多项式中的每一项，初始值为0。使用for循环，通过term=term*10+a语句，在每次循环内，term被赋予新值，result += term表示将每一项依次累加。

```
a = int(input('请输入正整数 a 的值:'))
n = int(input('请输入正整数 n 的值:'))
result = 0
term = 0

for i in range(1, n+1):
        term = term*10+a
```

```
        result += term

print('a+aa+aaa+...+aa...a = ', result)
```

如果输入a的值为1，n的值为3，得到程序运行结果如下：

```
请输入正整数 a 的值 :1
请输入正整数 n 的值 :3
a+aa+aaa+...+aa...a = 123
```

如果输入a的值为2，n的值为5，得到程序运行结果如下：

```
请输入正整数 a 的值 :2
请输入正整数 n 的值 :5
a+aa+aaa+...+aa...a = 24690
```

for循环可视作重复一定次数的循环，而while循环是重复直至发生某种情况时结束的循环。当while后面的布尔表达式为假时，循环结束。此外，break语句用在Python循环中，用于终止循环语句，多用于需要提前从循环中退出的情况。

实验2-4 编写程序，输出200~400之间自然数中最大的能被3整除且个位数字为6的整数。

答案解析：使用变量i存储自然数，初始值为400。布尔表达式i>=200为循环条件，当i小于200时，循环结束。while循环体内，i%3==0表示i能被3整除，(i-6)%10==0表示i的个位数字为6，用if语句和and运算符判断二者是否同时成立，如果同时成立，则符合要求的整数已经找到，使用break退出循环；如果不成立，则i的值减1，继续下一次循环。

```
i = 400

while i >= 200:
    if i % 3 == 0 and (i-6) % 10 == 0:
        print('200~400 之间能被 3 整除且个位数字为 6 的最大整数为 :', i)
        break
    i = i - 1
else:
    print(' 没有找到这样的数 ')
```

程序运行结果如下：

```
200~400 之间能被 3 整除且个位数字为 6 的最大整数为 :  396
```

实验 2-5 编写程序，计算用1、2、3、4这4个数字能组成多少个互不相同且无重复数字的三位数，输出每一个三位数以及组成三位数的个数。

答案解析：百位、十位、个位的数字都可以是1、2、3、4。使用三重for循环，组成所有的排列后，去掉不满足条件的排列即可。打印符合要求的三位数，并将百位数、十位数和个位数分别体现出来；数字以空格分隔开，每行放置2个数后进行换行。

```python
# count 表示互不相同且无重复数字的三位数的个数
count = 0

for i in range(1, 5):
    for j in range(1, 5):
        for k in range(1, 5):
            if i != j and i != k and j != k:
                print('100 * %d + 10 * %d + %d = %d'
                    % (i, j, k, 100*i + 10*j + k), end='    ')
                count += 1
                if count % 2 == 0:
                    print()

print('能组成 %d 个互不重复的三位数' % count)
```

程序运行结果如下：

```
100 * 1 + 10 * 2 + 3 = 123    100 * 1 + 10 * 2 + 4 = 124
100 * 1 + 10 * 3 + 2 = 132    100 * 1 + 10 * 3 + 4 = 134
100 * 1 + 10 * 4 + 2 = 142    100 * 1 + 10 * 4 + 3 = 143
100 * 2 + 10 * 1 + 3 = 213    100 * 2 + 10 * 1 + 4 = 214
100 * 2 + 10 * 3 + 1 = 231    100 * 2 + 10 * 3 + 4 = 234
100 * 2 + 10 * 4 + 1 = 241    100 * 2 + 10 * 4 + 3 = 243
100 * 3 + 10 * 1 + 2 = 312    100 * 3 + 10 * 1 + 4 = 314
100 * 3 + 10 * 2 + 1 = 321    100 * 3 + 10 * 2 + 4 = 324
100 * 3 + 10 * 4 + 1 = 341    100 * 3 + 10 * 4 + 2 = 342
100 * 4 + 10 * 1 + 2 = 412    100 * 4 + 10 * 1 + 3 = 413
100 * 4 + 10 * 2 + 1 = 421    100 * 4 + 10 * 2 + 3 = 423
100 * 4 + 10 * 3 + 1 = 431    100 * 4 + 10 * 3 + 2 = 432
能组成 24 个互不重复的三位数
```

（3）程序在运行过程中产生的错误称为异常。在程序设计过程中，必须考虑到程序运行过程中可能会发生的异常，并进行适当的处理，否则，有可能出现程序提前终止或其他不可预料的情况。Python提供了异常处理机制，增强了程序的稳定性。

实验2-6　float( )函数可以将字符串转换为浮点数，但是对不正确的输入会产生ValueError。编写程序，将float( )函数写入try…except来实现该异常处理。

答案解析：把可能发生错误的语句a=float(input('请输入一个数字:'))放在try代码块中，

except后指定ValueError异常，在出现异常时捕获并进行处理。此外，在except子句中，使用as
获取系统反馈的错误信息，并将其打印出来。

```
try:
        a = float(input('请输入一个数字:'))
        print('输入数值为: %.2f' % a)
except ValueError as e:
        print('捕捉到异常:', e)
```

如果输入8，得到程序运行结果如下：

```
请输入一个数字:8
输入数值为: 8.00
```

如果输入w，得到程序运行结果如下：

```
请输入一个数字:w
捕捉到异常: could not convert string to float: 'w'
```

2. 延伸实验

实验2-7　编写程序，计算并输出$1 - 1/2 + 1/3 - 1/4 + \cdots + 1/99 - 1/100$的值（结果保留4位小数）。

答案解析：将表达式转换为$1/1 + (-1/2) + 1/3 + (-1/4) + \cdots + 1/99 + (-1/100)$的形式，其中，奇数项的分子为1，偶数项的分子为−1，每一项的分母从1开始依次递增。解决思路是使用for循环，在每个循环内，分母i依次递增，分子n随奇偶项变化而往复变化，最后将每一项依次累加。

```
result = 0
n = 1

for i in range(1, 101):
        result += n/i
        i += 1
        n *= -1

print('1-1/2+1/3-1/4+...+1/99-1/100=%.4f' % result)
```

程序运行结果如下：

```
1-1/2+1/3-1/4+...+1/99-1/100 = 0.6882
```

实验2-8　编写程序，从键盘输入两个正整数，输出二者的最大公约数。

答案解析：

第一种解决方案：用a、b表示从键盘输入的两个正整数。解决思路是先找出二者之中相对较小的数，a和b的最大公约数肯定小于或等于相对较小的数。从a、b中较小的数开始由大到小列举，直到找到公约数立即中断列举，得到的公约数即为最大公约数。

```python
a = int(input('请输入正整数a: '))
b = int(input('请输入正整数b: '))

#divisor 初始值为a、b之间的较小数
if a>b:
        divisor = b
    else:
        divisor = a
# 穷举法找最大公约数
while divisor >= 1:
        if a % divisor==0 and b % divisor == 0:
            break
        divisor -= 1

# 循环结束后，divisor 的值即为所要求的最大公约数
print(a, '和', b, '的最大公约数为:', divisor)
```

第二种解决方案：两个正整数a和b（a>b）的最大公约数等于a除以b的余数c和b之间的最大公约数。例如，想要求25和10的最大公约数，25除以10的余数是5，那么25和10的最大公约数等于10和5的最大公约数。基于此定理，先计算a除以b的余数c，把问题转化成求b和c的最大公约数；然后计算b除以c的余数d，把问题转化成求c和d的最大公约数，依此类推，逐渐把两个较大整数之间的运算转化成两个较小整数之间的运算，直到两个数可以整除为止。

```python
a = int(input('请输入正整数a: '))
b = int(input('请输入正整数b: '))
print(a, '和', b, '的最大公约数为:', end = ' ')

while a % b != 0:
        temp = a % b
        a = b
        b = temp

# 循环结束后，b 的值即为所要求的最大公约数
print(b)
```

上述代码对于a和b的初始值大小没有要求。如果a等于b，则while循环条件不满足，循环体不执行，a和b的最大公约数即为b；如果a小于b，while循环执行一次后，a和b的值会实现互换；如果a大于b，while循环执行一次后，a和b的最大公约数转化成b和a、b余数的最大公约数。

实验2-9 编写程序，从键盘输入一个整数，将该数按位逆置，输出它的反转整数。例如，输入12345，输出54321；输入−12345，输出−54321；输入12230，输出3221。程序中整数存储形式为32位有符号整数，如果溢出，则输出错误信息。

答案解析： 定义变量a存储输入整数，result存储反转整数。如果a大于0，则从a的最后一位开始，依次向前遍历，result依次左移一位，并取a的当前位作为result的末位数；如果a等于0，则result为0；如果a小于0，则取a的绝对值进行反转，得到的反转整数取相反数即可。32位有符号整数的数值范围为$[-2^{31}, 2^{31} - 1]$，需要判断反转整数result是否在范围内。

```python
a = int(input('请输入整数：'))
result = 0

if a > 0:
        while a != 0:
                result = result*10+a % 10
                a //= 10
elif a < 0:
        a = -a
        while a != 0:
                result = result*10+a % 10
                a //= 10
        result =- result

if-2**31<result<2**31-1:
        print('反转整数为 :', result)
else:
        print('反转整数溢出 ')
```

如果输入1234，得到程序运行结果如下：

```
请输入整数：1234
反转整数为 : 4321
```

输入不同的值，得到程序运行结果如下：

```
请输入整数：-1234
反转整数为 :-4321
-------------------------------------------------------------------------------
请输入整数：4560
反转整数为: 654
```

实验2-10 假设a是一个自然数，若a的反转整数与a相等，则称a是一个回文数。例如，12321是回文数，123不是回文数。编写程序，从键盘输入一个自然数，判断其是否是回文数。

答案解析：定义变量a存储输入的自然数，reverse存储反转整数。如果reverse和a的值相等，则a是回文数。

```
a = int(input('请输入自然数：'))
b = a
reverse = 0

while b != 0:
        reverse=reverse*10+b % 10
        b //= 10

if a == reverse:
        print(a, '是回文数')
    else:
        print(a, '不是回文数')
```

如果输入124，得到程序运行结果如下：

```
请输入自然数：124
124 不是回文数
```

输入不同的值，得到程序运行结果如下：

```
请输入自然数：12421
12421 是回文数
-----------------------------------------------------------------------
请输入自然数：124210
124210 不是回文数
```

实验2-11 编写程序，从键盘输入形状选择及相应参数，计算并输出指定形状的面积（结果保留2位小数）。

答案解析：使用if...elif...else实现多分支选择结构；从键盘输入指定形状的参数；使用try...except语句捕捉ValueError及其他异常。

```
try:
        choose = int(input('请选择形状：1:长方形；2:正方形；3:三角形；4:圆
你的选择是 :'))
        if choose == 1:
            width, height = eval(input('请输入以逗号分隔的宽和高:'))
            print('面积为 : %.2f' % (width*height))
        elif choose == 2:
            length = float(input('请输入边长:'))
            print('面积为 : %.2f' % (length ** 2))
```

```
    elif choose == 3:
        base, height = eval(input('请输入以逗号分隔的底和高:'))
        print('面积为 : %.2f' % (base*height))
    elif choose == 4:
        diameter = float(input('请输入直径:'))
        print('面积为 : %.2f' % (3.14*(diameter/2) ** 2))
    else:
        print('不合法的输入')
except ValueError as e:
    print('捕捉到异常:', e)
except Exception:
    print('捕捉到其他异常')
```

输入不同的值，得到程序运行结果如下：

```
请选择形状：1：长方形；2：正方形；3：三角形；4：圆   你的选择是:1
请输入以逗号分隔的宽和高:4,8
面积为 : 32.00
------------------------------------------------------------------------
请选择形状：1：长方形；2：正方形；3：三角形；4：圆   你的选择是:4
请输入直径:3.6
面积为 : 10.17
```

3. 扩展实验

实验2-12　给定一个大于1的自然数，如果它只能被1和它本身整除，那么这个自然数是素数。例如，2是素数，7是素数，9不是素数。编写程序，从键盘输入一个大于1的自然数，判断它是否是素数。

答案解析：根据素数的定义，对于给定的正整数n，n是素数的条件是n不能被2，3，…，n-1整除。使用for循环和range()函数，从2至n-1依次遍历，判断能否找到n的因数。

```
n = int(input('请输入一个大于1的自然数:'))
if n == 2:
    print(n, '是素数')
if n > 2:
    for i in range(2, n):
        if n % i == 0:
            print(n, '不是素数')
            break
    else:
        # for…else 语句：for 循环结束后，执行 else 语句
        print(n, '是素数')
```

实际上，大于n/2的整数不可能是n的因数。因此，n是素数的条件可以简化成n不能被2，3，…，n/2整除。代码如下：

```
n = int(input('请输入一个大于 1 的自然数 :'))
if n == 2:
        print(n, '是素数')
if n > 2:
        for i in range(2, n//2+1):
            if n % i == 0:
                print(n, '不是素数')
                break
        else:
    # for…else 语句：for 循环结束后，执行 else 语句
            print(n, '是素数')
```

输入不同的值，得到程序运行结果如下：

```
请输入一个大于 1 的自然数 :5
5  是素数
--------------------------------------------------------------------------------
请输入一个大于 1 的自然数 :27
27  不是素数
```

实验2-13　编写程序，从键盘输入一个2~999之间的正整数，对其进行分解素因数。例如，24=2*2*2*3。

答案解析：第一个while循环，布尔表达式用1 代替，始终为True，循环体一直执行，直到用户进行正确输入，执行break语句退出循环。接着对n进行分解素因数，先找到一个最小的素数i，然后按下述步骤完成：

① 如果这个素因数恰好等于n，说明分解素因数的过程已经结束。

② 如果n能被i整除，则打印i，并用n除以i的商，作为新的正整数n，重复执行①。

③ 如果n不能被i整除，则将i更新为i+1，重复执行①。

```
while 1:
        n = int(input('请输入 1000 以内的正整数 :'))
        if n < 2 or n > 999:
            print('请注意数字范围 ')
        else:
            break

print(n, end = '')
print('=', end = '')
```

```
i = 2
  while 1:
    if n == i:
        print(i, end =")
        break
    if n % i == 0:
        print(i, end =")
        print('*',end =")
        n = n/i
    else:
        i += 1
```

如果输入999，得到程序运行结果如下：

```
请输入 1000 以内的正整数 :999
999 = 3*3*3*37
```

输入不同的值，得到程序运行结果如下：

```
请输入 1000 以内的正整数 :60
60 = 2*2*3*5
-----------------------------------------------------------------------
请输入 1000 以内的正整数 :45
45 = 3*3*5
```

实验2-14　完全数又称完美数，是特殊的自然数，它所有的真因子（即除了自身以外的约数）的和恰好等于它本身。例如，6=1+2+3。编写程序，从键盘输入大于1的正整数n，输出1~n之间所有的完全数，并统计完全数的个数。

答案解析：使用两层循环，变量sum1存储完全数的个数，变量sum2存储当前循环变量i的真因子之和。内存循环中，循环变量j的初始值为2，因为因数1的对应因数为i，而真因子不包括i本身，所以1不能作为因数判断的初始值。

```
n = int(input(' 请输入一个大于 1 的正整数 :'))
# sum1 表示完全数的个数
sum1 = 0

for i in range(2, n+1):
    # 每一次判断 i 是否是完全数，都需要给 sum2 赋初值为 0
    sum2 = 0
    for j in range(2, int(i/2)):
        if i % j == 0 and j <= (i/j):
            # j 是 i 的因数，i/j 也是 i 的因数
```

```
                sum2 += j
                sum2 += i/j
        if sum2+1 == i:
            print(i)
            sum1 += 1


print('%d 以内的完全数共有：%d个 ' % (n, sum1))
```

如果输入30，得到程序运行结果如下：

```
请输入一个大于1的正整数：30
6
28
30 以内的完全数共有：2 个
```

输入不同的值，得到程序运行结果如下：

```
请输入一个大于1的正整数：1000
6
28
496
1000 以内的完全数共有：3 个
-------------------------------------------------------------------
请输入一个大于1的正整数：10000
6
28
496
8128
10000 以内的完全数共有：4 个
```

实验2-15 自幂数是指一个*n*位数，它的每个数位上的数字的*n*次幂之和等于它本身。3位数的自幂数称为水仙花数，4位数的自幂数称为玫瑰数。编写程序，打印所有的玫瑰数，并计算玫瑰数的个数。

答案解析：

第一种解决方案：使用for循环和range()函数，从1000至9999依次遍历。在每一次循环中，计算当前数字的每一个数位，判断是否满足条件。

```
# count 表示玫瑰数的个数
count = 0

for num in range(1000,10000):
    a = num % 10              # 个位数
    b = num // 10 % 10        # 十位数
    c = num // 100 % 10       # 百位数
```

```
        d = num // 1000                # 千位数
        if a**4+b**4+c**4+d**4 == num:
            count += 1
            print(num, end=' ')

print()
print('玫瑰数的个数为：', count)
```

程序运行结果如下：

```
1634   8208   9474
玫瑰数的个数为：3
```

第二种解决方案：使用4层for循环，每个循环变量分别代表各个数位上的数字，判断由循环变量构成的四位数是否满足条件。

```
# count 表示玫瑰数的个数
count = 0

for a in range(10):
    for b in range(10):
        for c in range(10):
            for d in range(10):
                r = a**4+b**4+c**4+d**4
                s = a*1000+b*100+c*10+d
                if r == s:
                    count += 1
                    print(s, end = ' ')

print()
print('玫瑰数的个数为：', count)
```

程序运行结果如下：

```
0   1   1634   8208   9474
玫瑰数的个数为：5
```

显然，0和1不是玫瑰数，程序运行结果不正确。这是由于在程序中没有对s是否是有效的四位数进行判断。程序修改如下：

```
# count 表示玫瑰数的个数
count = 0

for a in range(10):
    for b in range(10):
```

```
                for c in range(10):
                    for d in range(10):
                        r = a**4+b**4+c**4+d**4
                        s = a*1000+b*100+c*10+d
                        if r == s and 1000 <= s <= 9999
                            count += 1
                            print(s, end = '  ')

print()
print('玫瑰数的个数为：', count)
```

程序运行结果如下：

```
1634  8208  9474
玫瑰数的个数为：3
```

实验2-16 斐波那契数列（Fibonacci sequence），又称黄金分割数列，是指这样一个数列：1，1，2，3，5，8，13，21，34，55，…，这个数列从第3项开始，每一项都等于前两项之和。从键盘输入正整数n，计算并输出斐波那契数列的前n项。

答案解析：设置序列的第0项为0，第1项为1，因此，数列从第2项开始，每一项都等于前两项之和。定义变量a、b分别存储序列的第0项和第1项，然后开始循环：

① 第一次循环：i＝2，temp存储第0项，通过a＝b语句，a的值更新为第1项，通过b＝temp+b语句，b的值更新为第2项。

② 第二次循环：i＝3，temp存储第1项，a的值更新为第2项，通过b＝temp+b，b的值更新为第3项。

③ 第三次循环：i＝4，temp存储第2项，a的值更新为第3项，b的值更新为第4项。

依此类推。

```
n = int(input('输出 Fibonacci 数列的项数为 :'))

a = 0
b = 1

print('第 1 项为 :', b)
if n >= 2:
    for i in range(2, n+1):
        temp = a
        a = b
        b = temp+b
        print('第 %d 项为: %d' % (i, b))
```

如果输入15，得到程序运行结果如下：

```
输出 Fibonacci 数列的项数为 :15
第 1 项为：1
第 2 项为：1
第 3 项为：2
第 4 项为：3
第 5 项为：5
第 6 项为：8
第 7 项为：13
第 8 项为：21
第 9 项为：34
第 10 项为：55
第 11 项为：89
第 12 项为：144
第 13 项为：233
第 14 项为：377
第 15 项为：610
```

实验3 字符串处理

一、实验目的

（1）理解文本数据字符串表现方式、定义和简单的存储转换。

（2）理解与使用Python中字符串的存储方式和存储转换。

（3）理解和使用Python字符串常用内置函数。

二、实验预备知识

（1）Python基本程序设计流程和基本语法。

（2）Python的循环结构与条件判断。

（3）Python字符串内置函数。

三、实验内容

1. 基础实验

（1）字符串是 Python 中最常用的数据类型。可以使用引号（' 或 "）来创建字符串。字符串中可以全部是数字，也可以是字母与其他字符的组合。按照以下要求实现相关功能。

实验3-1　定义字符串打印出以下图像：

```
     *
    ***
   *****
  *******
```

答案解析：在print的基础上，定义4个纯字符的字符串。

```
str_1 = "    *"
```

```
str_2 = "  ***"
str_3 = " *****"
str_4 = "*******"
print(str_1)
print(str_2)
print(str_3)
print(str_4)
```

实验3-2　字符串转义字符的使用。定义字符串要求实现单反双引号的输出，在屏幕上打印出以下函数。

```
F(x) = x"+ x/10
```

答案解析：x"为x的二阶求导，右上角双引号。

```
str = "F(x)=x\"+x/10"
print(str)
```

注意：在需要在字符中使用特殊字符时，python用反斜杠（\）转义字符。

（2）可以把字符串当成一种字符串数组。所谓数组是一个有序的元素序列。字符串中每一个字母、数字或字符都是数组的元素。每个元素所在的位置，从最左边开始计数，以0作为第一个元素的位置，称为元素下标。例如，var1[0]表示字符串var1第一个元素。如果要获取字符串中连续的子串，使用var1[m:n]的形式，m表示起始下标，n表示结束位下标。此时可以把字符串当成是一种字母和字符的集合。可以通过直接定义下标，获取数组内的任何一个当前的元素，或者采取分隔符获取连续的一串元素。类比for循环。

实验 3-3　不使用for循环，按照要求输出26个英文字母。

```
"abcdefghijklmnopqrstuvwxyz"
```

① 逆序输出。

② 按步长为3输出。

③ 输出索引位置为2到索引位置为5的数据，不包括位置3，且步长为2。

④ 输出字符串从右往左位置第3位到第5位的数据。

⑤ 分别输出下标偶数与奇数的字母。

⑥ 全部顺序输出。

答案解析：不使用循环函数与内置函数的情况下，考虑使用字符串截取。

```
str = "abcdefghijklmnopqrstuvwxyz"
# 1.逆序输出
```

```
print("逆序输出:",str[::-1] )
# 2.按步长为 3 输出
print("按步长为 3 输出:",str [::3] )
# 3.按步长为 2 间隔输出
print("按步长为 2 间隔输出:",str [2:5:2] )
# 4.逆向输出
print("逆向输出:",str [-3:-6:-1] )
# 5.偶数输出
print("偶数输出:",str  [::2] )
# 5.奇数输出
print("奇数输出:",str  [1::2] )
# 6.顺序输出
print("顺序输出:",str [:] )
```

（3）Python字符串内置函数的使用。

实验3-4 输入一行字符，统计其中有多少个单词，每两个单词之间以空格隔开。如输入：This is a Python program. 输出：There are 5 words in the line.

答案解析：

```
str = input()
word = str.split(' ')
num = len(word)
print("There are %d words in the line." %(num))
```

实验3-5 输入一个字符串，编写函数完成下面的功能：

① 求出字符列表中字符的个数。

② 将字符串中的大写字母改为小写字母、小写字母改为大写字母。

③ 将字符串中的数字取出，并输出成一个新的字符串。

④ 去除字符串内的数字后，将该字符串中的单词重新排序（a ~ z），并且重新输出一个排序后的字符串。

答案解析：直观地通过for循环和if判断统计空格数量。学习字符串的内置函数后，可以采用split( )函数更快地处理字符串。

```
str = input('请输入一个字符串')
# 1.求出字符列表中字符的个数
print('字符列表中字符的个数',len(str))
# 2.将字符串中的大写字母改为小写字母、小写字母改为大写字母
print('字符串中的大写字母改为小写字母、小写字母改为大写字母',str.swapcase())
# 3.将字符串中的数字取出，并输出成一个新的字符串
a = "
```

```
for i in str:
    if i.isdigit():
        a += i
if a:
    print('将字符串中的数字取出，并输出成一个新的字符串 ',a)
else:
    print('不存在数字')
# 4. 去除字符串内的数字后，将该字符串中的单词重新排序（a-z），重新输出排序后的字符串
a = ''
for i in str:
    if not i.isdigit():
        a += i
b='abcdefghijklmnopqrstuvwxyz'
c = 0
d = ''
for i in range(len(b)):
    for i in a:
        if i == b[c]:
            d += i
    c += 1
print('字符串单词重新排序后的字符串 :',d)
```

实验3-6　字母处理函数。输入以下两个字符串，按要求编程。

```
str_1 = "This is a Python program. "
str_2 = "python is a famous computer language. "
```

① 判断字符串中是否存在数字、是否是纯语句、是否包含标点符号。

② 判断每一句首字母是否为大写。若不是，请转换输出。

③ 所有单词首字母大写。

④ 字符串大小写相互转换。

⑤ 计算含有单词数。

答案解析：首先把两个字符串拼接到一起，然后对每一个字母进行判断，判断使用内置函数是否为数字，是否为字母。

```
str_1 = "This is a Python program."
str_2 = "python is a famous computer language."
text = str_1+str_2
isNum = False
len_num = 0
text_4 = ''
```

```
for word in text:
    if word.isalpha():
        text_4 += word.swapcase()
    else:
        text_4 += word
    if word.isdigit():
        isNum = True
    if word.isdigit() or word.isalpha() or word.isspace():
        len_num += 1
# 第 1 问
if isNum:
    print('文本包含数字')
else:
    print('文本不包含数字')
if len_num < len(str_1):
    print('文本包含标点符号，不是纯语句')
else:
    print('文本不包含标点符号，是纯语句')
text_2 = ''
for ju in text.rstrip('.').split('.'):
    text_2 += ju[0].upper()+ju[1:]+'.'
# 第 2 问
print(text_2)
text_3 = ''
total = 0
for ju in text.rstrip('.').split('.'):
    for word in ju.split(' '):
        text_3 += word.title()
        total += 1
        text_3 += ' '
    text_3 += '.'
text_3 = text_3.replace(' .','.')
# 第 3 问
print(text_3)
# 第 4 问
print(text_4)
# 第 5 问
print('单词共计:%d'%total)
```

实验3-7 格式化字符串。请输入以下语句，按照要求实现代码。

```
str_1 = "python is a famous computer language. "
```

① 获取固定长度，左对齐，右边不够用空格补齐。

② 获取固定长度，右对齐，左边不够用空格补齐。

③ 获取固定长度，中间对齐，两边不够用空格补齐。

答案解析：

```
str_1 = "python is a famous computer language."
# 1. 获取固定长度，左对齐，右边不够用空格补齐
print(str_1.ljust(50,' '))
# 2. 获取固定长度，右对齐，左边不够用空格补齐
print(str_1.rjust(50,' '))
# 3. 获取固定长度，中间对齐，两边不够用空格补齐
print(str_1.center(50,' '))
```

通常也可以用字符串格式化做初始化使用。这样就可以不利用循环结构进行对字符串的循环。

实验3-8　拼接字符串，完成字符串与其他格式的相互转化。

```
str_1 = 100
str_2 = "这个数字是: "
```

首先对两句直接相加，输出错误信息。然后采取字符串拼接的方式合在一起。

错误信息：

```
unsupported operand type(s) for +: 'int' and 'str'
```

数字与字符串虽然都有运算符，但类型不同不能强制性地使用运算符进行运算。

答案解析：使用try...except抛出异常信息。

```
str_1 = 100
str_2 = "这个数字是: "
try:
    _ = str_1+str_2
except Exception as e:
    print(e)
print(str(str_1)+str_2)
```

实验3-9　编写代码，实现以下功能。

```
str = "pythiN "
```

① 移除变量两边的空格，输出结果。

② 判断是否是以"py"开头。

③ 判断是否是以n结尾。

④ 把变量的i替换为o。

答案解析：

```
str = " pythiN  "
```

```
print(str.strip(' '))
print('是以py开头' if str[:2] == 'py' else '不是以py开头')
print('是以n结尾' if str[:-1] == 'n' else '不是以n结尾')
print(str.replace('i','o'))
```

注意：print( )内包括复合判断语句，在Python中简单语句可以（逻辑上的）一行组成。包括表达式语句、断言语句等。

实验3-10　格式化函数。

① 输出9*9乘法表，要求按照从小到大的方式有序输出。

② 通过{}和:来代替传统%方式。使用format( )函数，选择合适的单词插入到括号之内。

```
str="{},everyone! My name is {}. I am {}. My study is good, and I am get
along very well with my classmates. I like listening to {} and {}."
```

③ 填充好语句后，判断总共有几句话，总共有多少单词。

④ 用户输入名字、地点、爱好，根据用户的输入实现输出。例如：

```
我的同桌叫{}，喜欢在{}学{}
```

答案解析：

```
#第1问
for i in range(1, 10):
  print
  for j in range(1, i+1):
    print "%d*%d = %d" % (i, j, i*j)
#9*9乘法表(2)
for a in range(1,10):
    for b in range(1,a+1):
        print('{0}*{1} = {2}'.format(b,a,a*b),end = '\t')
    print('')
#第2问
str = "{},everyone! My name is {}. I am {}. My study is good, and I am get
along very well with my classmates. I like listening to {} and {}.".format('Hi','Jack','student','music','crosstalk')
a = 0                              #句子数量
b = 0                              #单词数量
choose = True
for i in str.rstrip(' '):
    if (not i.isalpha() is True) and (not i.isspace() is True):
        a += 1
        b += 1
        choose = False
```

```
        if i.isspace() and choose:
            b += 1
        if choose == False and i.isalpha():
            choose = True
    print(str)
    #第3问
    print(' 句子数量 :{}'.format(a))
    print(' 单词数量 :{}'.format(b))
    #第4问
    input_str = input(" 名字 , 地点 , 爱好 : ( 请按照格式输入 )")
    get_str = input_str.split(",")
    print ()
    print (" 我的同桌叫 {} 喜欢在 {} 学 {}".format(get_str[0],get_str[1],get_str[2]))
```

str.format( ) 不仅能传入字符，也能格式化数字，但需要遵守一定的格式。例如：

```
print("{:.2f}".format(3.1415926));
```

详细实例如表3-1所示。

◎表 3-1 详细实例

数　　字	格　　式	输　　出	描　　述
3.1415926	{:.2f}	3.14	保留小数点后 2 位
3.1415926	{:+.2f}	+3.14	带符号保留小数点后 2 位
-1	{:+.2f}	-1.00	带符号保留小数点后 2 位
2.71828	{:.0f}	3	不带小数
5	{:0>2d}	05	数字补零（填充左边，宽度为 2）
5	{:x>4d}	xxx5	数字补 x（填充左边，宽度为 4）
10	{:x<4d}	10xx	数字补 x（填充右边，宽度为 4）
1000000	{:,}	1,000,000	以逗号分隔的数字格式
0.25	{:.2%}	25.00%	百分比格式
1000000000	{:.2e}	1.00e+09	指数记法
13	{:>10d}	13	右对齐（默认，宽度为 10）
13	{:<10d}	13	左对齐（宽度为 10）
13	{:^10d}	13	中间对齐（宽度为 10）

^、<、> 分别是居中、左对齐、右对齐，后面带宽度，: 后面带填充的字符，只能是一个字符，不指定则默认使用空格填充。

+ 表示在正数前显示 +，负数前显示 −；（空格）表示在正数前加空格。

b、d、o、x 分别是二进制、十进制、八进制、十六进制。

此外，可以使用花括号 { } 来转义花括号，例如：

```
print ("{} 对应的位置是 {{0}}".format("Python"))
```

程序运行结果如下：

```
Python 对应的位置是 {0}
```

实验3-11 使用字符串内置函数制作随机验证码，不区分大小写，包括数字。

答案解析：字符串常量包含所需要的字符。

```
import random
import string
text = 'abcdefghigklmnopqrstuvwxyzABCDEFGHIGKLMNOPQRSTUVWXYZ1234567890'
code = ''.join(random.sample(text, 5))
print(code)
code_in = input('请输入验证码:')
if code.lower() == code_in.lower():
    print('正确')
else:
    print('错误')
value = ''.join(random.sample(string.ascii_letters+string.digits,5))
print(value)
value_in = input('请输入验证码:')
if value.lower() == value_in.lower():
    print('正确')
else:
    print('错误')
```

实验3-12 长字符串与字符串查找。现有以下字符串，根据要求写出代码。

str="William Shakespeare,   the foremost writer, prominent dramatist and poet in the European Renaissance. He created a large number of popular literary works, occupies a special position in the history of European literature, has been hailed as "Olympus Zeus in human literature."   He is also known as the four great tragedies of ancient Greece, Aeschylus, Sophocles and Euripides."

① 查找字符串中是否存在lit开头的单词，如果存在，输出索引号并输出单词全称。最后使用index( )函数再次实现此功能，并比较两者的区别。

② 统计句号的个数，并替换成英文句号。

③ 查看语句中是否含有Tab，如果有，替换成空格（expandtabs）。

答案解析：

```
str='William Shakespeare, the foremost writer, prominent dramatist
and poet in the European Renaissance.He created a large number of popular
literary works, occupies a special position in the history of European
literature, has been hailed as "Olympus Zeus in human literature." He is
also known as the four great tragedies of ancient Greece, Aeschylus, Sophocles
and Euripides.'
    lit = str.find(' lit')
    if lit == -1:
        print(' 不存在 lit 开头的单词 ')
    else:
        end = lit
        start = lit
        for i in str[lit+1:]:
            end += 1
            if not i.isalpha() is True and end>start:
                print(' 索引号 :{1}, 单词 :{0}'.format(str[start+1:end],start+1))
# 根据下标对应相应的位置
                start = str.find(' lit',end)
                if start == -1:
                    break
    print(' 句号的个数 :{}'.format(str.count('。')))
    print(' 替换成英文句号 :{}'.format(str.replace('。','.')))
    print(' 含有 Tab, 替换成空格 :{}'.format(str.replace('\t',' ')) if str.count
('\t')!=0 else ' 不含有 Tab')
```

find( )与index( )的对比：

① 当在字符串str_1中的索引范围内包含字符串str_2时，find( )方法与index( )方法都会返回字符串str_2在字符串str_1中的第一个索引位置。

② 当在字符串str_1中的索引范围内不包含字符串str_2时，find( )方法会返回一个−1值，而index( )方法则会报错，错误类型为：ValueError: substring not found。

建议在使用index( )方法时注意字符串str_1中是否包含字符串str_2，在不确定时，建议使用find( )方法。

此外，Python expandtabs( ) 方法把字符串中的Tab符（'\t'）转为空格，Tab符（'\t'）默认的空格数是8。用法为：str.expandtabs(tabsize=8)。tabsize 参数指定转换字符串中的Tab符号（'\t'）转为空格的字符数。

实验3-13　请给出"郑州"的数据类型，并计算用utf-8的gbk编码所占的位数。简述ascii、

unicode、uft-8、gbk的意义。

答案解析：

```
text = '郑州'
print(type(text))
print('GBK 编码所占的位数 :',len(text.encode('GBK')))
print('UTF-8 编码所占的位数 :',len(text.encode('UTF-8')))
```

Python自带了超过100种编码解码器，用于在文本和字节中转换。每个编码解码器有一个名称，如'utf-8'，通常有几个别名，如'utf-8'别名有'utf8'、"utf_8和'U8'。ASCII英文编码：8个二进制位代表一个字母，总共可以有255个。ISO-8859-1(latin1)：该编码是单字节编码，向下兼容ASCII，其编码范围是0x00～0xFF，0x00～0x7F完全和ASCII码一致，0x80～0x9F是控制字符，0xA0～0xFF是文字符号。cp1252：ISO-8859-1的超集，添加了一些有用的符号。cp437：IBM PC最初的字符集，包含框图符号，与ISO-8859-1不兼容。gb2312：简体中文标准，亚洲语言使用较广泛的多字节编码。utf-8：也是中文编码，是目前Web中最常见的8位编码，与ASCII码兼容。

学习Python过程中出现中文乱码的情况，就是由于数据格式不对，Python 3+默认编码为utf-8。

附： ASCII 码范围如下所示。

0～31及127（33个）是控制字符或通信专用字符，如控制符：LF（换行）、CR（回车）等；通信专用字符：SOH（文头）、EOT（文尾）等；ASCII值为8、9、10 和13 分别转换为退格、制表、换行和回车字符。

32～126（共95个）是字符（32是空格）。

48～57为0~9共10个阿拉伯数字。

65～90为26个大写英文字母。

97～122号为26个小写英文字母。

其余为一些标点符号、运算符号等。

实验3-14 给定字符串，按照要求实现以下功能。

① 匹配一行文字中的所有开头的字母内容。

② 匹配一行文字中的所有开头的数字内容。

③ 提取每行中完整的年月日和时间字段，并计算两者时间差。

```
str = ''i love you at 2019-07-09 12:30:00,but 12i 34give 56up at 2019-07-
30 12:30:00 ''
```

```
https://www.cnblogs.com/xiaxiaoxu/p/8436795.html
```

答案解析:

```
import re
str = "i love you at 2019-07-09 12:30:00,but 12i 34give 56up at 2019-07-
30 12:30:00"
content = re.findall(r"\b\w", str)
print(content)
```

实验3-15　给定字符串替换其中的电子邮件。

```
str = "<p>this content is python@gmail.com</p>"
```

电子邮件替换为zhengzhou@yahoo.com

答案解析:

```
import re
str = "<p>this content is python@gmail.com</p >"
a = re.search(r'[0-9a-zA-Z_]+@gmail.com',str)
str = re.sub(a.group(),'zhengzhou@yahoo.com',str)
print(str)
```

2. 延伸实验

实验3-16　计算字符串中所有数字的和。

① 字符串中只有小写字母和数字。

② 数字可能连续,也可能不连续。

③ 连续数字要当做一个数处理。

```
str_1 = '1234adg3g11' , str_2 = ""
```

答案解析:

第一种解决方案:解决思路是把字符串中得数字调出来,用if…else将数字和其他字符分隔开,并且将其他字符格式化、统一化,为下一步的分隔做好准备。用split()函数返回一个列表。

```
str_1 = '1234adg3g11'
str_2 = ""
for i in str_1 :
    if i.isdigit():
        str_2 = str_2+i
    else:
        str_2 = str_2+" "
```

```
lt = str_2.split(" ")
m=0
for a in lt :
    if a.isdigit():
        m = m+int(a)
print(m)
```

第二种解决方案：用字符串的替换函数replace() 解决。解决思路和第一种解决方案相同。

```
str_1 = '1234adg3g11'
for x in str_1 :
    if not x.isdigit() :
        str_1 = str_1.replace(x," ")
lt = str_1.split(" ")

a = 0
for i in lt :
    if i.isdigit() :
        a = a+int(i)
print(a)
```

第三种解决方案：遍历字符串，判断是字母的话，变成数字，然后继续判断下一个元素是否为数字。不是数字的话，直接把刚才的整数加上。

```
str_1 = '1234adg3g11'
num,num1 = 0,0
for i in str_1 :
    if i.isdigit():
        num = num*10+int(i)          # 重要一步，将连续的数字直接转换成整数
    else:
        num1 = num1+num
        num = 0                      # 将刚才的整数变量清零
num1 = num1+num
print(num1)
```

实验3-17　制作密码本。截取敌军破解秘密时，需先有密码本，要求将密码文本翻译成正常语句。例如：pwd_1="abc"，pwd_2="123"，则pwd_2中1代表pwd_1中a，依此类推。

答案解析：Python translate( )方法根据参数table给出的表（包含256个字符）转换字符串的字符，要过滤掉的字符放到del参数中。Python 3中，已经没有string.maketrans( )了，取而代之的是内置函数。

```
info = "I931s323s4c049! "
```

```
pwd_1 = "124093"
pwd_2 = "iaert "
```

```
pwd_1 = "124093"
pwd_2 = "iaert "
trantab = str.maketrans(pwd_1, pwd_2)
info = "I931s323s4c049!";
print(info.translate(trantab))
```

str.translate(table[,deletechars])：使用上面的函数产生的翻译表翻译S，并把deletechars中有的字符删掉。需要注意的是，如果S为unicode字符串，那么就不支持 deletechars参数，可以使用把某个字符翻译为None的方式实现相同的功能。此外，还可以使用codecs模块的功能来创建更加功能强大的翻译表。

实验3-18　单词统计器。复制一段字符串，可以是中文。如果用户输入q！或Q！则退出输入。统计出该字符串中英文单词数、数字数、中文数。例如：

输入：

我国人口是14亿，国土面积为全球第3，英文是China。

输出：

单词数为：1。数字数为2。中文数为17。

答案解析：此题的难度在于如何判断字母、数字、中文的区别。

```
import string
let_word = string.ascii_letters
dig_num = string.digits
a = ''
word = 0
num = 0
china = 0
let = 0
dig = 0
while True:
    b = str(input(' 请输入 '))
    if b == 'q' or a == 'Q':
        for i in a:
            if i in let_word:
                let += 1
                if dig != 0:
                    dig = 0
                    num += 1
            elif i in dig_num:
```

```
            dig += 1
            if let != 0:
                let = 0
                word += 1
        elif u'\u4e00' <= i <= u'\u9fff':
            china += 1
            if let != 0:
                let = 0
                word += 1
            elif dig != 0:
                dig = 0
                num += 1
        elif let != 0:
            let = 0
            word += 1
        elif dig != 0:
            dig = 0
            num += 1
        print('单词数为：{}。数字数为{}。中文数为{}。'.format(word,num,china))

        break
    else:
        a += b
```

实验3-19 字符串排序。输入一串字母，按照英文字母表顺序输出。

例如：输入cba，输出abc。

答案解析：此题的难度在于如何判断字母的先后顺序。

```
while True:
    import string
    let_word=string.ascii_letters
    a = input('输入一串字母：')
    b = input('请输入排序方式（0）正序，1：倒序）：')
    c = ''
    if b == '0':
        for i in range(26):
            for n in a:
                if n == let_word[i] or n == let_word[i+26]:
                    c += n
    elif b == '1':
        for i in range(1,27):
            for n in a:
                if n == let_word[-i] or n == let_word[-(i+26)]:
                    c += n
    else:
        print('您输入的不合法')
    print(c)
```

实验3-20　编写程序，输入一段英文，然后分别统计单词长度为1、2、3、4的个数。

答案解析：

```
a=input(' 输入一段英文 ')
b=0
word_1 = 0
word_2 = 0
word_3 = 0
word_4 = 0
for i in a:
    if i in ', .':
        if b == 1:
            word_1 += 1
        elif b == 2:
            word_2 += 1
        elif b == 3:
            word_3 += 1
        elif b == 4:
            word_4 += 1
        b = 0
    else:
        b += 1
print(' 单词长度为 1 的个数 :{}, 单词长度为 2 的个数 :{}, 单词长度为 3 的个数 :{}, 单词长度
为 4 的个数 :{},'.format(word_1,word_2,word_3,word_4))
```

实验3-21　最近Kingly对编码很感兴趣，于是从网上找了一些编码原则来对字符串做实验。因为Kingly一直很忙，所以希望你来替他解决这个问题。下面是编码原则：① 如果访问到字符A、W、F就转化成I；② 如果访问到字符C、M、S就分别转化成L、o、v；③ 如果访问到字符D、P、G、B就转化成e；④ 如果访问到字符L、X就分别转化成Y、u；⑤ 其他字符均保持不变。

例如：输入A，CMSD，LMX。输出：I，Love，You。

答案解析：

```
pwd_1 = "AWF"
pwd_2 = "III"
pwd_3 = "CMS"
pwd_4 = "Lov"
pwd_5 = "DPGB"
pwd_6 = "eeee"
pwd_7 = "LX"
pwd_8 = "Yu"
```

```
trantab1 = str.maketrans(pwd_1, pwd_2)
trantab2 = str.maketrans(pwd_3, pwd_4)
trantab3 = str.maketrans(pwd_5, pwd_6)
trantab4 = str.maketrans(pwd_7, pwd_8)
info = "A, CMSD, LMX!";
print(info.translate(trantab1).translate(trantab2).translate(trantab3).
translate(trantab4))
```

3. 综合实验

实验3-22　开发敏感词过滤程序，提示用户输入内容，如果用户输入的内容中包含特殊的字符，如 "炸弹""恐怖袭击"，则将内容替换为*****。

答案解析：创建两个变量v1、v2，用find( )方法来判断用户输入的字符串中是否有敏感词，有的话find的值就不是-1,只有find的值是-1时才是没有敏感词的。然后用if判断，如果两个值都等于-1，才证明不包含定义的两个敏感词，就正常打印；如果包含两个敏感词，就执行替换操作。

替换操作思路是：先替换"炸弹"。替换完成之后，给它赋值一个新的变量名字，再替换新的变量中的"恐怖袭击"，最后打印出来的变量就是两者都替换过了的结果

```
str=input("请输入字符串:")
v=str.find('炸弹')
v1=str.find('恐怖袭击')
if v == -1 and v1 == -1:
    print (str)
elif v != -1 or v1 != -1:
    str_1 = str.replace('炸弹','*****')
    str_2 = str_1.replace('恐怖袭击','*****')
    print (str_2)
else:
    pass
```

程序运行结果如下：

```
请输入字符串:123456 你好, Python.炸弹
123456 你好, Python.*****
```

实验3-23　编写简易计算器。

答案解析：简易计算器应该包括加、减、乘、除4种算术运算，包括输入时检测是否为数字。按照此要求，首先检测输入的类型是否为数字，如果不是则返回错误。对接收到的运算符类型进行判断，最后输出计算结果。

```
while True:
    a = input(" 输入第一个数字 ")
    if a.split('.')[0].isdigit()and a.split('.')[1].isdigit():
        print(" 输入的是小数 ")
    b = input(" 输入第二个数字 ")
    if b.split('.')[0].isdigit()and b.split('.')[1].isdigit():
        print(" 输入的是小数 ")
    if not (a.isdigit() or b.isdigit()):
        print(" 数字输入不合法 ")
        break
    a = int(a)
    b = int(b)
    how = input(" 选择运算 (+、-、*、/)")
    if how == "+":
        print(a+b)
    elif how == "-":
        print(a-b)
    elif how == "*":
        print(a*b)
    elif how == "/":
        if b == 0:
            print(" 分母不能为 0")
        print(a/b)
    else:
        print(" 运算符不合法 ")
    then=input(" 是否停止运算 ?( 继续则输入是 )")
    if then!=" 是 ":
        break
```

实验3-24　求两个字符串的最大公共子字符串。

答案解析：1把两个字符串分别以行和列组成一个二维矩阵；2比较二维矩阵中每个点对应行列字符中否相等，相等的话值设置为1，否则设置为0；3通过查找出值为1的最长对角线，找到最长公共子字符串。

也可以使用其他动态规划的方式进行解答，涉及相关数学知识，作为课下学习。

```
print(" 第一个字符串: ")
str_1 = input()
print(" 第二个字符串: ")
str_2 = input()
m = [[0 for i in range(len(str_2)+1)] for j in range(len(str_1)+1)]
#print("m",m)              # 生成 0 矩阵，为方便后续计算，比字符串长度多了一列
```

```
mmax = 0                          # 最长匹配的长度
p = 0                             # 最长匹配对应在 s1 中的最后一位
for i in range(len(str_1)):
    for j in range(len(str_2)):
        if str_1[i] == str_2[j]:
            m[i+1][j+1] = m[i][j]+1
            if m[i+1][j+1]>mmax:
                mmax = m[i+1][j+1]
                p = i+1
print(str_1[p-mmax:p], mmax)
```

实验3-25 求某字符串的子串。

答案解析：对所有字符串按位控制长度进行遍历，判重后再写入列表中。

```
print(" 输入字符串: ")
str = input()
for i in range(len(str)):
    for j in range(i+1, len(str)+1):
        print(str[i:j])
```

实验 **4** 数 据 存 储

一、实验目的

（1）理解Python中列表、元组、字典的概念和定义方式。

（2）理解与掌握Python中列表、元组、字典的存储方式。

（3）理解和掌握Python中列表、元组、字典的常用内置函数。

二、实验预备知识

Python中列表、元组、字典的概念和常见使用方式。

三、实验内容

1. 列表相关实验

1）列表基础实验

（1）列表的定义。

列表list，顾名思义就是一列数据。list是Python 的一种内置数据类型。列表是一种可变序列结构，各个元素类型可以各不相同，列表中的元素用一对中括号[ ]包含。

实验4-1　定义列表并打印输出以下内容：

```
empty_list: []
demo1_list: [1, 2, 'Python', [3, 4, 'd', 0], 'a', 5]
```

答案解析：在print的基础上，定义2个列表。

```
empty_list = []
demo1_list = [1, 2, 'Python', [3, 4, 'd', 0], 'a', 5]
```

```
print('empty_list:', empty_list)
print('demo1_list:', demo1_list)
```

实验4-2　获取列表的类型和长度。定义列表后，输出其类型和长度（元素个数），在屏幕上打印输出以下内容。

```
demo1_list: [1, 2, 'Python', [3, 4, 'd', 0], 'a', 5]
type(demo1_list): <class 'list'>
len(demo1_list): 6
```

答案解析：变量demo1_list就是一个列表。用type( )函数可以获得Python数据类型的名称。以列表变量作为参数调用len( )函数，可以获取列表的长度，即列表中元素的个数。

```
demo1_list = [1, 2, 'Python', [3, 4, 'd', 0], 'a', 5]
print('demo1_list:', demo1_list)
print('type(demo1_list):', type(demo1_list))
print('len(demo1_list):', len(demo1_list))
```

（2）列表元素的访问。

列表与C语言、Java等程序设计语言中的数组有一定相似性，但远比它们灵活和强大。列表中的元素可以用位置索引（下标）来访问，从左到右，从0开始，依次递增。

实验4-3　使用位置索引（下标）来访问列表中的元素，输出以下内容。

```
1
2
Python
[3, 4, 'd', 0]
a
5
Traceback (most recent call last):
  File "E:/list_tuple_dict.py", line 8, in <module>
    print(demo1_list[6])
IndexError: list index out of range
```

答案解析：依次使用下标0、1、2、3、4、5、6来访问列表中的元素。

```
demo1_list = [1, 2, 'Python', [3, 4, 'd', 0], 'a', 5]
print(demo1_list[0])
print(demo1_list[1])
print(demo1_list[2])
print(demo1_list[3])
print(demo1_list[4])
print(demo1_list[5])
print(demo1_list[6])
```

值得注意的是，下标是有范围的，下标的取值范围是[0, len(demo1_list)−1]，对于本例来讲，就是[0,5],所以当访问demo1_list[6]时，就超出了范围，系统报IndexError错误。

Python支持逆向索引，对列表而言，从右向左数，最后一个元素下标是−1，第二个是−2，依此类推，第一个元素的下标是−len(list)。本实验中−len(demo1_list)=−6，逆向索引的范围是[−6, −1]。

实验4-4　使用逆向索引来访问列表中的元素，输出以下内容。

```
5
a
[3, 4, 'd', 0]
Python
2
1
```

答案解析：依次使用下标−1、−2、−3、−4、−5、−6来访问列表中的元素。

```
demo1_list = [1, 2, 'Python', [3, 4, 'd', 0], 'a', 5]
print(demo1_list[-1])
print(demo1_list[-2])
print(demo1_list[-3])
print(demo1_list[-4])
print(demo1_list[-5])
print(demo1_list[-6])
```

实验4-5　使用逆向索引不能越界，访问越界时，输出以下内容。

```
Traceback (most recent call last):
  File "E:/list_tuple_dict.py", line 2, in <module>
    print(demo1_list[-7])
IndexError: list index out of range
```

答案解析：依次使用逆向索引−7来访问列表中的元素时，超出了逆向索引范围[−6,−1]，所以报索引超出范围错误。

```
demo1_list = [1, 2, 'Python', [3, 4, 'd', 0], 'a', 5]
print(demo1_list[-7])
```

实验4-6　使用逆向索引和正向索引访问最后一个元素并验证是否是同一个元素，输出以下内容。

```
demo1_list[length-1]: 5
demo1_list[-1]: 5
id(demo1_list[length-1])==id(demo1_list[-1]): True
```

答案解析：分别使用下标列表长度−1和−1来访问列表最后一个元素。

```
demo1_list = [1, 2, 'Python', [3, 4, 'd', 0], 'a', 5]
length = len(demo1_list)
print('demo1_list[length-1]:', demo1_list[length-1])
print('demo1_list[-1]:', demo1_list[-1])
print('id(demo1_list[length-1]) == id(demo1_list[-1]):', end=' ')
print(id(demo1_list[length-1]) == id(demo1_list[-1]))
```

注意：Python中可以使用id()函数获取变量的地址。可以验证，使用逆向索引访问的第一个元素就是正向索引的最后一个元素。

实验4-7 使用for循环和while循环遍历列表，输出以下内容。

```
for 循环遍历列表：
1
2
Python
[3, 4, 'd', 0]
a
5
while 循环遍历列表：
1
2
Python
[3, 4, 'd', 0]
a
5
```

答案解析：可以使用for循环或者while循环遍历列表。使用for循环时，直接把列表作为循环中的序列结构；使用while循环时，需要首先获取列表长度，作为循环结束的判断条件。

```
demo1_list = [1, 2, 'Python', [3, 4, 'd', 0], 'a', 5]
print('for 循环遍历列表：')
for item in demo1_list:
    print(item)
print('while 循环遍历列表：')
length = len(demo1_list)
i = 0
while i < length:
    print(demo1_list[i])
    i += 1
```

（3）列表的常见操作。

list 是一个可变序列，可以对列表进行元素增加、元素查找、元素修改、元素删除操作。

可以使用append( )方法、extend( )方法、insert( )方法等增加列表元素。

实验4-8　用append( )方法在列表末尾追加元素6，输出以下内容。

用 append 在列表末尾增加元素 6 后：[1, 2, 'Python', [3, 4, 'd', 0], 'a', 5, 6]

答案解析：用append在列表末尾增加元素6。

```
demo1_list=[1, 2, 'Python', [3, 4, 'd', 0], 'a', 5]
demo1_list.append(6)
print('用 append 在列表末尾增加元素 6 后：', demo1_list)
```

实验4-9　用insert( )方法在列表第二个元素前增加元素3，输出以下内容。

用 insert 在列表第二个元素前增加元素 3 后：[1, 3, 2, 'Python', [3, 4, 'd', 0], 'a', 5, 6]

答案解析：用insert( )在列表第二个元素前增加元素3。

```
demo1_list=[1, 2, 'Python', [3, 4, 'd', 0], 'a', 5, 6]
demo1_list.insert(1,3)
print('用 insert 在列表第二个元素前增加元素 3 后：', demo1_list)
```

实验4-10　用extend( )方法把列表[7,8]添加至列表demo1_list的尾部，输出以下内容。

用 extend 在列表尾部添加 [7, 8] 后：[1, 3, 2, 'Python', [3, 4, 'd', 0], 'a', 5, 6, 7, 8]

答案解析：extend( )方法把另一个列表中的元素依次逐个添加到当前列表的尾部。

```
demo1_list = [1, 3, 2, 'Python', [3, 4, 'd', 0], 'a', 5, 6]
demo1_list.extend([7, 8])
print('用 extend 在列表尾部添加 [7, 8] 后：', demo1_list)
```

可以使用in或者not in 运算符在列表中进行查找，如果指定元素存在，in表达式的值为True，否则为False；not in与之相反。可以使用index( )方法返回指定元素首次出现的索引。

实验4-11　用in和not in 在列表中查找元素7和4，输出以下内容。

找到元素 7，索引为：　8
找不到元素 4

答案解析：用待查找元素和in或者not in构造表达式，根据表达式返回的True或者False确定指定元素是否在列表中。

```
demo1_list = [1, 3, 2, 'Python', [3, 4, 'd', 0], 'a', 5, 6, 7, 8]
if 7 in demo1_list:
    print('找到元素 7，索引为：', demo1_list.index(7))
```

```
else:
    print('找不到元素7')
if 4 not in demo1_list:
    print('找不到元素4')
else:
    print('找到元素4: 索引为: ', demo1_list.index(4))
```

修改列表中的元素时，只需要根据索引找到该元素，然后赋予新值即可。

实验4-12　先把列表中的第二个元素值加1，然后改为5，输出以下内容。

```
3
[1, 4, 2, 'Python', [3, 4, 'd', 0], 'a', 5, 6, 7, 8]
[1, 5, 2, 'Python', [3, 4, 'd', 0], 'a', 5, 6, 7, 8]
```

答案解析：用索引找到对应的元素后，对该元素进行+1、赋新值5操作即可实现元素的修改。

```
demo1_list = [1, 3, 2, 'Python', [3, 4, 'd', 0], 'a', 5, 6, 7, 8]
print(demo1_list[1])
demo1_list[1] += 1
print(demo1_list)
demo1_list[1] = 5
print(demo1_list)
```

删除列表中的元素，可以使用pop( )、remove( )、del( )等方法，可以使用clear( )方法清空列表，使用del( )方法删除整个列表。

实验4-13　使用pop( )方法删除列表尾部的元素，输出以下内容。

```
[1, 5, 2, 'Python', [3, 4, 'd', 0], 'a', 5, 6, 7, 8]
[1, 5, 2, 'Python', [3, 4, 'd', 0], 'a', 5, 6, 7]
```

答案解析：pop( )方法默认删除列表尾部的元素，直接调用该方法即可。

```
demo1_list = [1, 5, 2, 'Python', [3, 4, 'd', 0], 'a', 5, 6, 7, 8]
print(demo1_list)
demo1_list.pop()
print(demo1_list)
```

实验4-14　使用pop( )方法删除列表第二个元素，输出以下内容。

```
[1, 5, 2, 'Python', [3, 4, 'd', 0], 'a', 5, 6, 7]
[1, 2, 'Python', [3, 4, 'd', 0], 'a', 5, 6, 7]
```

答案解析：要删除指定位置的元素，可以使用pop(index=-1)来指定，其中index指定要删除元素的索引，如删除第二个元素，就用pop(1)。

```
demo1_list = [1, 5, 2, 'Python', [3, 4, 'd', 0], 'a', 5, 6, 7]
print(demo1_list)
demo1_list.pop(1)
print(demo1_list)
```

实验4-15　使用pop( )方法并指定逆向索引删除列表尾部的一个元素，输出以下内容。

```
[1, 2, 'Python', [3, 4, 'd', 0], 'a', 5, 6, 7]
[1, 2, 'Python', [3, 4, 'd', 0], 'a', 5, 6]
```

答案解析：使用逆向索引-1定位最后一个元素，调用pop(-1)默认删除列表最后一个元素。

```
demo1_list = [1, 2, 'Python', [3, 4, 'd', 0], 'a', 5, 6, 7]
print(demo1_list)
demo1_list.pop(-1)
print(demo1_list)
```

实验4-16　使用pop( )方法并指定逆向索引删除列表尾部的一个元素，输出以下内容。

```
[1, 2, 'Python', [3, 4, 'd', 0], 'a', 5, 6, 7]
[1, 2, 'Python', [3, 4, 'd', 0], 'a', 5, 6]
```

答案解析：使用逆向索引-1定位最后一个元素，调用pop(-1)默认删除列表最后一个元素。

```
demo1_list = [1, 2, 'Python', [3, 4, 'd', 0], 'a', 5, 6, 7]
print(demo1_list)
demo1_list.pop(-1)
print(demo1_list)
```

实验4-17　使用remove( )方法删除首个出现的元素，输出以下内容。

```
[1, 2, 'Python', [3, 4, 'd', 0], 'a', 5, 6, 2]
[1, 'Python', [3, 4, 'd', 0], 'a', 5, 6, 2]
```

答案解析：使用remove( )方法时根据元素的值来删除列表中从左到右首次出现的元素，删除元素2，就使用remove(2)。

```
demo1_list = [1, 2, 'Python', [3, 4, 'd', 0], 'a', 5, 6, 2]
print(demo1_list)
demo1_list.remove(2)
print(demo1_list)
```

实验4-18 使用del( )方法删除列表末尾的元素，输出以下内容。

```
[1, 'Python', [3, 4, 'd', 0], 'a', 5, 6, 2]
[1, 'Python', [3, 4, 'd', 0], 'a', 5, 6]
```

答案解析：使用del( )方法可以删除指定索引位置的元素，删除列表末尾的元素，可以用逆向索引−1也可以用正向索引即列表长度−1，这里使用−1指定列表末尾的元素即可。

```
demo1_list = [1, 'Python', [3, 4, 'd', 0], 'a', 5, 6, 2]
print(demo1_list)
del demo1_list[-1]
print(demo1_list)
```

实验4-19 使用clear( )方法清空列表，输出以下内容。

```
列表清空前：  [1, 'Python', [3, 4, 'd', 0], 'a', 5, 6]
列表清空后：  []
```

答案解析：使用clear( )方法直接清空列表中的所有元素，但列表变量仍保留，可以继续使用。

```
demo1_list = [1, 'Python', [3, 4, 'd', 0], 'a', 5, 6]
print('列表清空前: ', demo1_list)
demo1_list.clear()
print('列表清空后: ', demo1_list)
```

实验4-20 使用del( )方法删除列表变量，输出以下内容。

```
删除列表变量前：  [1, 'Python', [3, 4, 'd', 0], 'a', 5, 6]
Traceback (most recent call last):
  File "E:/list_tuple_dict.py", line 4, in <module>
    print('删除列表变量后: ', demo1_list)
NameError: name 'demo1_list' is not defined
```

答案解析：使用del( )方法删除列表变量后，列表变量不再保留，重新赋值前不能再访问。

```
demo1_list = [1, 'Python', [3, 4, 'd', 0], 'a', 5, 6]
print('删除列表变量前 :', demo1_list)
del demo1_list
print('删除列表变量后 :', demo1_list)
```

注意：使用del( )方法删除demo1_list变量不可再访问，报NameError错误。

（4）列表的排序和逆置。

列表的排序是指对列表中的元素按照某种比较规则进行排序，默认按照字典顺序进行排序，在Python中对列表进行排序，可以使用sort(reverse=False)对列表进行排序，默认

reverse=False，表示从小到大；如果指定reverse=True，则从大到小进行排序。

列表的逆置是指把列表中元素颠倒顺序从尾到头进行存储，可以调用列表的reverse( )方法实现列表元素的逆置。

实验4-21 使用sort( )方法对列表元素进行排序，输出以下内容。

```
列表排序前： [1, 2, 3, 8, 7]
列表排序后： [1, 2, 3, 7, 8]
```

答案解析：使用列表的sort( )方法进行排序，直接调用sort( )方法后，输出排序后的列表即可。

```
demo1_list = [1, 2, 3, 8, 7]
print('列表排序前： ', demo1_list)
demo1_list.sort()
print('列表排序后： ', demo1_list)
```

实验4-22 使用sort( )方法对列表元素进行排序并逆置，输出以下内容。

```
列表排序并逆置前： [1, 2, 3, 8, 7]
列表排序并逆置后： [8, 7, 3, 2, 1]
```

答案解析：使用列表的sort( )方法进行排序并逆置，在调用sort( )方法时需要指定reverse参数的值为True，输出排序后的列表即可。

```
demo1_list = [1, 2, 3, 8, 7]
print('列表排序并逆置前： ', demo1_list)
demo1_list.sort(reverse=True)
print('列表排序并逆置后： ', demo1_list)
```

实验4-23 使用reverse( )方法对列表进行逆置，输出以下内容。

```
列表逆置前： [1, 2, 3, 8, 7]
列表逆置后： [7, 8, 3, 2, 1]
```

答案解析：使用列表的reverse( )方法进行逆置，直接调用reverse( )方法后，输出逆置后的列表即可。

```
demo1_list = [1, 2, 3, 8, 7]
print('列表逆置前： ', demo1_list)
demo1_list.reverse()
print('列表逆置后： ', demo1_list)
```

2）列表延伸实验

除了上述访问和使用方式外，字符串、元组、列表等序列结构还支持切片方式。所谓切片就是对原序列结构某区间的引用。这里以列表的切片使用为例介绍切片的使用。

切片的语法格式为：序列[开始索引：结束索引：步长]，序列从开始索引位置开始，以步长为单位递增，不包含结束索引位置的元素。其中，开始索引、结束索引可以是正向索引也可以是逆向索引，既可以是正整数也可以是负整数，步长可以为正整数也可以为负整数，步长为负整数表示逆序引用，开始索引、结束索引、步长3个参数的默认值分别是0、序列长度、1，可以部分或者全部省略。

实验4-24 使用切片访问列表，并输出以下内容。

```
demo_list 全部元素表达式1: [1, 2, 3, 4, 7, 8, 9]
demo_list 全部元素表达式2: [1, 2, 3, 4, 7, 8, 9]
demo_list 全部元素表达式3: [1, 2, 3, 4, 7, 8, 9]
demo_list 全部元素表达式4: [1, 2, 3, 4, 7, 8, 9]
demo_list 全部元素表达式5: [1, 2, 3, 4, 7, 8, 9]
demo_list 前三个元素表达式1: [1, 2, 3]
demo_list 前三个元素表达式2: [1, 2, 3]
demo_list 前三个元素表达式3: [1, 2, 3]
demo_list 第三、第四、第五个元素表达式1: [3, 4, 7]
demo_list 第三、第四、第五个元素表达式2: [3, 4, 7]
demo_list 奇数位置元素表达式1: [1, 3, 7, 9]
demo_list 奇数位置元素表达式2: [1, 3, 7, 9]
demo_list 奇数位置元素表达式3: [1, 3, 7, 9]
demo_list 偶数位置元素表达式1: [2, 4, 8]
demo_list 偶数位置元素表达式2: [2, 4, 8]
demo_list 逆序全部元素表达式1: [9, 8, 7, 4, 3, 2, 1]
demo_list 逆序全部元素表达式2: [9, 8, 7, 4, 3, 2, 1]
demo_list 逆序全部元素表达式3: [9, 8, 7, 4, 3, 2, 1]
demo_list 逆序全部元素表达式4: [9, 8, 7, 4, 3, 2, 1]
```

答案解析：定义列表后，使用切片的方式就是在列表名后跟[开始索引：结束索引：步长]，根据需要灵活设置三个参数的值就可以达到访问原列表全部或者部分元素的目的，也可以根据三个参数的默认值，省略相应参数。

```
demo_list = [1, 2, 3, 4, 7, 8, 9]
print('demo_list 全部元素表达式1:', demo_list)
print('demo_list 全部元素表达式2:', demo_list[0:len(demo_list):1])
print('demo_list 全部元素表达式3:', demo_list[0:len(demo_list):])
print('demo_list 全部元素表达式4:', demo_list[0::])
print('demo_list 全部元素表达式5:', demo_list[::])
print('demo_list 前三个元素表达式1:', demo_list[0:3:1])
print('demo_list 前三个元素表达式2:', demo_list[0:3])
print('demo_list 前三个元素表达式3:', demo_list[:3])
print('demo_list 第三、第四、第五个元素表达式1:', demo_list[2:5:1])
```

```
print('demo_list 第三、第四、第五个元素表达式 2:', demo_list[2:5])
print('demo_list 奇数位置元素表达式 1:', demo_list[0:len(demo_list):2])
print('demo_list 奇数位置元素表达式 2:', demo_list[:len(demo_list):2])
print('demo_list 奇数位置元素表达式 3:', demo_list[::2])
print('demo_list 偶数位置元素表达式 1:', demo_list[1:len(demo_list):2])
print('demo_list 偶数位置元素表达式 2:', demo_list[1::2])
print('demo_list 逆序全部元素表达式 1:', demo_list[-1:-len(demo_list)-1:-1])
print('demo_list 逆序全部元素表达式 2:', demo_list[-1:-len(demo_list)-1:-1])
print('demo_list 逆序全部元素表达式 3:', demo_list[-1::-1])
print('demo_list 逆序全部元素表达式 4:', demo_list[::-1])
```

2. 元组相关实验

1）元组基础实验

元组tuple是Python中的一种不可变序列，用法与list类似，二者的最大区别在于元组不能修改。元组定义在一对圆括号( )中，元素之间以逗号分隔。

（1）元组的定义。

实验4-25　定义元组，并输出以下元组。

```
(1, 'a', 2, 'E')
(4, 5)
(6,)
(1, 2, 3)
```

答案解析：元组定义在一对圆括号( )中，元素以逗号间隔。

```
demo1_tuple = (1, 'a', 2, 'E')
demo2_tuple = 4,5
demo3_tuple = 6,
demo_tuple = (1, 2, 3)
print(demo1_tuple)
print(demo2_tuple)
print(demo3_tuple)
print(demo_tuple)
```

值得注意的是，定义包含单个元素的元组时，不能直接在圆括号内包含该元素，这种写法等同于直接给变量赋值为相应元素，而不是元组，如果想赋值成为元组，则要包含一个逗号。

实验4-26　定义包含单个元素的元组，并输出以下内容。

```
6 type: <class 'int'>
6 type: <class 'int'>
(6,) type: <class 'tuple'>
```

```
(6,) type: <class 'tuple'>
6 type: <class 'str'>
6 type: <class 'str'>
('6',) type: <class 'tuple'>
('6',) type: <class 'tuple'>
```

答案解析：元组定义在一对圆括号( )中，仅有一个元素时，也必须包含逗号，没有圆括号而有逗号时，不论是单个元素还是多个元素，都自动识别为元组。

```
demo3_tuple = (6)
print(demo3_tuple,'type:', type(demo3_tuple))
demo3_tuple = 6
print(demo3_tuple,'type:', type(demo3_tuple))
demo3_tuple = 6,
print(demo3_tuple,'type:', type(demo3_tuple))
demo3_tuple = (6,)
print(demo3_tuple,'type:', type(demo3_tuple))

demo3_tuple = ('6')
print(demo3_tuple,'type:', type(demo3_tuple))
demo3_tuple = '6'
print(demo3_tuple,'type:', type(demo3_tuple))
demo3_tuple = ('6', )
print(demo3_tuple,'type:', type(demo3_tuple))
demo3_tuple = '6',
print(demo3_tuple,'type:', type(demo3_tuple))
```

（2）元组元素的访问。

访问元组时的方法和列表一样，可以使用正向索引和逆向索引。

实验4-27 分别使用正向索引和逆向索引访问元组中的元素，并输出以下内容。

```
2
3
```

答案解析：定义元组后，可以使用正向索引和逆向索引访问指定元素。

```
demo_tuple = (1, 2, 3)
print(demo_tuple[1])
print(demo_tuple[-1])
```

实验4-28 尝试修改元组中的元素，输出以下内容。

```
demo_tuple: (1, 2, 3)
Traceback (most recent call last):
  File "E:/list_tuple_dict.py", line 3, in <module>
```

```
        demo_tuple[1] = 5
TypeError: 'tuple' object does not support item assignment
```

答案解析：定义元组后，元组中的元素不能直接修改，否则会报TypeError类型错误。

```
demo_tuple = (1, 2, 3)
print('demo_tuple:', demo_tuple)
demo_tuple[1] = 5
```

由于元组是不可变序列，所以不能使用下标访问元素直接赋值的方式修改元素的值，同理，元组没有append( )、insert( )、remove( )方法来改变元素的数量，也不能使用pop( )、del( )、clear( )方法删除或者清空元组。元组一旦初始化后就不能直接修改了，直接赋值试图修改元组时，会报TypeError错误，提示元组tuple不支持元素赋值。

虽然不能通过直接给元组元素赋值修改元组，但是，如果元组中包含列表等可变元素，则可变元素本身可以修改自己的元素。

实验4-29　利用元组中的可变元素（列表）修改本身的元素，观察元组可变元素的地址是否发生变化，并输出以下内容。

```
(1, [2, 3], 4) 10175912
(1, [2, 3, 5], 4) 10175912
(1, [6, 3, 5], 4) 10175912
```

答案解析：定义元组时，如果元组中包含可变元素如列表等，虽然不能通过直接给元组元素赋值的方式修改元组元素的值，但是通过可变元素本身可以调用自己的方法修改本身的元素。

```
demo_tuple = (1, [2, 3], 4)
print(demo_tuple, id(demo_tuple[1]))
demo_tuple[1].append(5)
print(demo_tuple, id(demo_tuple[1]))
demo_tuple[1][0] = 6
print(demo_tuple, id(demo_tuple[1]))
```

这个元组定义时，有三个元素1、[2, 3]、4，第二个元素是个列表（list）。从上面的代码可以看出，第二个元素先追加了一个元素5，又把列表中第一个元素修改为6，表面看起来，元组被修改了。但是，元组的每个元素指向不变，在修改元组第二个元素的前后，元组第二个元素的指向即id(demo_tuple[1])一直没有发生改变，发生改变的是第二个元素的值。

2）元组延伸实验

对于元组，内置函数len( )、max( )、min( )、tuple(seq)分别实现获取元组长度、获取元组中最大值、获取元组中最小值、把列表等其他可变结构转换为元组等操作。

实验4-30 分别使用len( )、max( )、min( )函数获取元组（1, 2, 3, 4）中的元素个数、最大值、最小值，使用tuple(seq)把列表转变为元组，并输出以下内容。

```
len(demo_tuple): 4
max(demo_tuple): 4
min(demo_tuple): 1
tuple([4,5,6]): (4, 5, 6)
```

答案解析：定义元组后，分别使用len( )、max( )、min( )函数获取元组（1, 2, 3, 4）中的元素个数、最大值、最小值，使用tuple(seq)时，把列表作为参数即可实现把列表转变为元组。

```
demo_tuple = (1, 2, 3, 4)
print('len(demo_tuple):', len(demo_tuple))
print('max(demo_tuple):', max(demo_tuple))
print('min(demo_tuple):', min(demo_tuple))
print('tuple([4,5,6]):', tuple([4, 5, 6]))
```

元组和列表类似，都是序列结构，都支持切片操作；元组和列表的不同之处在于元组中的元素不能修改，即不能通过切片修改。

实验4-31 定义元组(1, 2, 3, 4, 5, 6, 7)后，通过切片访问元组，并输出以下内容。

```
使用切片访问元组中的元素,demo_tuple: (1, 2, 3, 4, 5, 6, 7)
使用切片访问元组中的全部元素: (1, 2, 3, 4, 5, 6, 7)
使用切片访问元组中的全部元素: (1, 2, 3, 4, 5, 6, 7)
使用切片访问元组中的全部元素: (1, 2, 3, 4, 5, 6, 7)
使用切片访问元组中的全部元素: (1, 2, 3, 4, 5, 6, 7)
使用切片访问元组中的第一个元素: (1,)
使用切片访问元组中的前两个元素: (1, 2)
使用切片访问元组中的第二、第三两个元素: (2, 3)
使用切片访问元组中奇数位置的元素表达式1: (1, 3, 5, 7)
使用切片访问元组中奇数位置的元素表达式2: (1, 3, 5, 7)
使用切片访问元组中奇数位置的元素表达式3: (1, 3, 5, 7)
使用切片访问元组中偶数位置的元素表达式1: (2, 4, 6)
使用切片访问元组中偶数位置的元素表达式2: (2, 4, 6)
```

答案解析：定义元组后，用元组名[开始索引：结束索引：步长]方式按照要求设置三个参数的值，就可以实现使用切片访问元组中的元素。

```
demo_tuple = (1, 2, 3, 4, 5, 6, 7)
print('使用切片访问元组中的元素,demo_tuple: ', demo_tuple)
print('使用切片访问元组中的全部元素:', demo_tuple[0:len(demo_tuple):1])
```

```
print('使用切片访问元组中的全部元素:', demo_tuple[0:len(demo_tuple)])
print('使用切片访问元组中的全部元素:', demo_tuple[0:])
print('使用切片访问元组中的全部元素:', demo_tuple[::])
print('使用切片访问元组中的第一个元素:', demo_tuple[0:1])
print('使用切片访问元组中的前两个元素:', demo_tuple[0:2])
print('使用切片访问元组中的第二、第三两个元素:', demo_tuple[1:3])
print('使用切片访问元组中奇数位置的元素表达式1:', demo_tuple[0:len(demo_
tuple):2])
print('使用切片访问元组中奇数位置的元素表达式2:', demo_tuple[:len(demo_
tuple):2])
print('使用切片访问元组中奇数位置的元素表达式3:', demo_tuple[::2])
print('使用切片访问元组中偶数位置的元素表达式1:', demo_tuple[1:len(demo_
tuple):2])
print('使用切片访问元组中偶数位置的元素表达式2:', demo_tuple[1::2])
```

3. 字典相关实验

1）字典基础实验

Python中字典是一种映射结构，每个元素由唯一的键key来标识，所以查找速度快。字典定义在一对花括号{}中，元素都是key:value形式的键值对，以逗号分隔。

（1）字典的定义。

实验4-32 定义一个包含学生学号、姓名、年龄字段的字典，并输出以下内容。

```
stu_dict: {'sno': '2018040001', 'name': ' 张三 ', 'age': 18}
```

答案解析：字典定义在一对花括号{}中，元素都是key:value形式的键值对，以逗号分隔，按照指定的键值输出字典中的元素即可。

```
stu_dict = {'sno': '2018040001',
            'name': ' 张三 ',
            'age': 18}
print('stu_dict:', stu_dict)
```

（2）字典元素的访问。

字典中的元素使用键key作为索引来访问，如访问stu_dict字典中键为name、age的元素。使用键作为索引访问字典中的元素时，既可以像列表、元组那样把键写在中括号内进行访问，也可以使用字典的get()方法进行访问，使用get()方法访问时还可以设置默认值。

实验4-33 使用键name、age作为索引访问字典中的元素值，并输出以下内容。

```
stu_dict: {'sno': '2018040001', 'name': ' 张三 ', 'age': 18}
张三
18
```

答案解析：定义字典后，以相应的键作为索引就可以访问字典中的元素值。

```
stu_dict = {'sno': '2018040001',
            'name': '张三',
            'age': 18}
print('stu_dict:', stu_dict)
print(stu_dict['name'])
print(stu_dict['age'])
```

实验4-34 使用get( )方法，并以键name、age作为索引访问字典中的元素值，分为不设置默认值和设置默认值两种方式，并输出以下内容。

```
stu_dict: {'sno': '2018040001', 'name': '张三', 'age': 18}
18
18
None
160
```

答案解析：定义字典后，使用get( )方法，并以键name、age作为索引访问字典中的元素值时，把键设置为get( )方法的第一个参数，第二个参数是默认值，可以根据需要设置。

```
stu_dict = {'sno': '2018040001',
            'name': '张三',
            'age': 18}
print('stu_dict:', stu_dict)
print(stu_dict.get('age'))
print(stu_dict.get('age', 19))
print(stu_dict.get('height'))
print(stu_dict.get('height', 160))
```

访问键为age的元素时，由于字典中存在该键，不论是否指定默认值，都返回字典的该键对应的值18；访问height时，由于字典中不存在该键，所以，不指定默认值时返回None，指定默认值时返回默认值160。

字典有三个视图，分别是键视图、值视图、元素视图，它们都是列表结构。

实验4-35 访问字典的键视图、值视图、元素视图，并输出以下内容。

```
stu_dict: {'sno': '2018040001', 'name': '张三', 'age': 18}
dict_keys(['sno', 'name', 'age'])
dict_values(['2018040001', '张三', 18])
dict_items([('sno', '2018040001'), ('name', '张三'), ('age', 18)])
```

答案解析：定义字典后，分别调用字典的keys( )、values( )、items( )方法，以访问字典的键视图、值视图、元素视图。

```
stu_dict = {'sno': '2018040001',
            'name': ' 张三 ',
            'age': 18}
print('stu_dict:', stu_dict)
print(stu_dict.keys())
print(stu_dict.values())
print(stu_dict.items())
```

（3）字典的常见操作。

字典的常见操作包括遍历、对字典的元素的查找、修改、增加、删除等。

字典的遍历可以使用for循环或者while循环实现，可以直接把字典作为for循环中的序列，默认访问的是字典的键视图，也可以指定访问字典的键视图、值视图、元素视图。

实验4-36　遍历字典的键视图、值视图、元素视图，并输出以下内容。

```
stu_dict: {'sno': '2018040001', 'name': ' 张三 ', 'age': 18}
直接使用字典，默认访问的是字典键视图：
sno,name,age,
指定访问字典的键视图：
sno,name,age,
指定访问字典的值视图：
2018040001, 张三 ,18,
指定访问字典的元素视图方式一：
('sno', '2018040001') ('name', ' 张三 ') ('age', 18)
指定访问字典的元素视图方式二：
sno 2018040001,name 张三 ,age 18,
```

答案解析：定义字典后，分别把字典的keys( )、values( )、items( )方法返回的键视图、值视图、元素视图作为for循环中的序列。

```
stu_dict={'sno': '2018040001',
          'name': ' 张三 ',
          'age': 18}
print('stu_dict:', stu_dict)
print(' 直接使用字典，默认访问的是字典键视图：')
for key in stu_dict:
    print(key, end=',')
print('\n指定访问字典的键视图：')
for key in stu_dict.keys():
    print(key, end=',')
print('\n指定访问字典的值视图：')
```

```
for value in stu_dict.values():
    print(value, end=',')
print('\n指定访问字典的元素视图方式一：')
for item in stu_dict.items():
    print(item, end=' ')
print('\n指定访问字典的元素视图方式二：')
for key,value in stu_dict.items():
    print(key,value, end=',')
print()
```

实验4-37 使用in或者not in实现对字典元素的查找，在提示输入处输入name并输出以下内容。

```
stu_dict: {'sno': '2018040001', 'name': ' 张三 ', 'age': 18}
请输入要查找的键：name
查找到 key 为 name 的元素值为： 张三
```

如果在提示输入处输入height，则输出以下内容

```
stu_dict: {'sno': '2018040001', 'name': ' 张三 ', 'age': 18}
请输入要查找的键：height
查找不到 key 为 height 的元素
```

答案解析： 定义字典后，分别查找字典键为name、height的元素值，判断对应的键是否存在后输出相应的提示即可，name对应的元素存在，而height对应的元素不存在。

```
stu_dict = {'sno': '2018040001',
            'name': ' 张三 ',
            'age': 18}
print('stu_dict:', stu_dict)
key = input('请输入要查找的键:')
if key in stu_dict:
    print(' 查找到 key 为 ',key,' 的元素值为 :',stu_dict[key])
else:
    print(' 查找不到 key 为 ',key,' 的元素 ')
```

对于表达式dict_name[key]=value，如果指定键key的元素在字典中存在，则该表达式就实现了字典元素的修改。

实验4-38 把字典中的学生年龄修改为19，并输出以下内容。

```
修改前： {'sno': '2018040001', 'name': ' 张三 ', 'age': 18}
修改后： {'sno': '2018040001', 'name': ' 张三 ', 'age': 19}
```

答案解析： 定义字典后，对字典键为age的元素值重新赋值为19，即可实现元素年龄值的修改。

```
stu_dict = {'sno': '2018040001',
            'name': '张三',
            'age': 18}
print('修改前: ', stu_dict)
stu_dict['age'] = 19
print('修改后: ', stu_dict)
```

字典元素的增加：对于表达式dict_name[key]=value，如果指定键key的元素在字典中不存在，则该表达式就实现了字典元素的增加。

实验4-39　在字典中增加height:160的元素，并输出以下内容。

```
增加身高元素前: {'sno': '2018040001', 'name': '张三', 'age': 18}
增加身高元素后: {'sno': '2018040001', 'name': '张三', 'age': 18, 'height': 160}
```

答案解析：定义字典后，对字典键为height的元素值赋值为160，即可增加height:160的元素。

```
stu_dict = {'sno': '2018040001',
            'name': '张三',
            'age': 18}
print('增加身高元素前: ', stu_dict)
stu_dict['height'] = 160
print('增加身高元素后: ', stu_dict)
```

字典可以使用del()方法删除指定的元素。

2）字典延伸实验

实验4-40　删除字典中的height:160元素，并输出以下内容。

```
删除身高元素前: {'sno': '2018040001', 'name': '张三', 'age': 18, 'height': 160}
删除身高元素后: {'sno': '2018040001', 'name': '张三', 'age': 18}
```

答案解析：定义字典后，使用del()方法删除字典中键为height的元素，即可删除height:160元素。

```
stu_dict = {'sno': '2018040001', 'name': '张三', 'age': 18, 'height': 160}
print('删除身高元素前: ', stu_dict)
del stu_dict['height']
print('删除身高元素后: ', stu_dict)
```

实验4-41　定义字典后，调用clear()方法清空字典中的元素，并输出以下内容。

```
调用 clear() 方法清空字典前: {'sno': '2018040001', 'name': '张三', 'age': 18}
调用 clear() 方法清空字典后: {}
```

答案解析：定义字典后，调用字典的clear()方法，即可清空字典中的元素。

```
stu_dict = {'sno': '2018040001', 'name': '张三', 'age': 18}
print('调用clear()方法清空字典前: ', stu_dict)
stu_dict.clear()
print('调用clear()方法清空字典后: ', stu_dict)
```

实验4-42 使用del()方法删除字典变量，并输出以下内容。

```
使用del删除字典变量前: {'sno': '2018040001', 'name': '张三', 'age': 18}
删除字典变量后，不能再访问该变量
Traceback (most recent call last):
  File "E:/list_tuple_dict.py", line 5, in <module>
    print('使用del删除字典变量后: ', stu_dict)
NameError: name 'stu_dict' is not defined
```

答案解析：定义字典后，使用del()方法删除字典变量即可。

```
stu_dict = {'sno': '2018040001', 'name': '张三', 'age': 18}
print('使用del删除字典变量前: ', stu_dict)
print('删除字典变量后，不能再访问该变量')
del stu_dict
print('使用del删除字典变量后: ', stu_dict)
```

4. 综合实验

在熟悉了列表、元组、字典的概念和常见操作之后，回到学生"画像"系统需求上。如何设计满足系统需求的字典结构呢？首先要调研需求，学生"画像"系统需要存储的学生信息有学生的姓名、学生的学号、学生姓名的拼音，学生的性别、学生的手机号码、学生的电子邮件地址、学生的高等数学成绩、学生的大学英语成绩、学生的Python程序设计成绩。分析该需求后发现3门课对应3个成绩，可以用字典结构方便实现对应。在学生"画像"系统中，有很多学生，为了实现快速检索，学生信息主结构最好也使用字典结构。按照字典设计时键要唯一的要求，学生字典结构的键可以是学生的身份证号、学号等。但是纯数字编码的键难以记忆，会使得使用该系统的用户可操作性大幅度下降，因此，在保证没有重名的前提下，可以使用学生的姓名作为键来提高系统的可用性。所以，设计出如下的三层字典结构来存放系统中的学生信息：

```
notes = {
    '李勇': {'sno': '201809121', 'pinyin': 'liyong', 'sex': 'Y', 'tel':
'13513551256',
    'email': '13513551256@186.com', 'scores': {'math': 64, 'english': 68,
'python': 67}},
```

```
          '刘晨': {'sno': '201809122', 'pinyin': 'liuchen', 'sex': 'Y', 'tel':
'15036548562',
          'email': 'liuchen@gmail.com', 'scores': {'math': 59, 'english': 77,
'python': 67}}  }
```

主教材中关于学生"画像"系统已经展示了关于学生信息的添加、查找、修改、删除模块，但是仅能添加一个学生且只能顺序执行上述操作各一次。这里展示使用while循环结构循环接收用户指令执行学生信息的添加、查找、修改、删除操作。程序的主体结构如下：

```
students = {}        # 存储学生信息的嵌套字典结构
while True:          # while 循环语句
    try:            # try…except 异常处理
        print('''|--- 欢迎进入校园大数据学生"画像"系统 ---|
        |---1. 添加学生"画像"数据 ---|
        |---2. 删除学生"画像"数据 ---|
        |---3. 修改学生"画像"数据 ---|
        |---4. 搜索学生"画像"数据 ---|
        |---5. 退出校园大数据学生"画像"系统 ---|
        |---6. 显示全部学生"画像"数据信息 ---|
         ''')
        order_code = input(' 请输入相应数字操作 :\n')
                                        # input() 函数接收控制台输入的字符串
        str_lstrip = order_code.lstrip()
                                        # lstrip() 函数删除字符串左边的空字符
        str_rstrip = order_code.rstrip()
                                        # rstrip() 函数删除字符串右边的空字符
        choice=int(str_rstrip)          # 强制类型转换
        if choice == 1:                 # if 的用法
            # 增加学生信息模块
        elif choice == 2:               # elif 的用法
            # 删除学生信息模块
        elif choice == 3:
            # 修改学生信息模块
        elif choice == 4:
            # 查找学生信息模块
        elif choice == 5:
            break                       # 退出系统
        elif choice == 6:
            print(students)             # 查看全部学生信息模块
        else:                           # else 的用法
            print(' 输入不合法, 请输入合法数字 ')
    except ValueError:
      print(' 请输入数字选项 ')
```

　　下面演示某次操作该系统的过程：首先输入1，添加一个学生李勇的信息；再次输入1，添加第二个学生刘晨的信息；然后输入6，查看系统中的学生信息，发现两个学生信息已经添加成功；输入4，查找姓名为刘晨的学生信息；输入3，修改姓名为刘晨的学生信息，修改其手机号码、电子邮件、三门课程成绩信息；输入6，查看全部学生的信息，发现信息已经修改成功；输入2，删除姓名为李勇的学生信息；输入6，查看全部学生的信息，发现学生李勇的信息已经删除，只剩下刘晨的信息；最后输入5，退出系统。

```
|--- 欢迎进入校园大数据学生"画像"系统 ---|
        |---1．添加学生"画像"数据 ---|
        |---2．删除学生"画像"数据 ---|
        |---3．修改学生"画像"数据 ---|
        |---4．搜索学生"画像"数据 ---|
        |---5．退出校园大数据学生"画像"系统 ---|
        |---6．显示全部学生"画像"数据信息 ---|


请输入相应数字操作：
1
请输入要添加的学生姓名：李勇
请输入学生的学号：201809121
请输入学生的姓名的拼音：liyong
请输入学生的性别（男Y/女N））Y
请输入学生的手机号码：13513551256
请输入学生的电子邮件地址：13513551256@186.com
请输入学生的高等数学成绩：64
请输入学生的大学英语成绩：68
请输入学生的Python程序设计成绩：67
|--- 欢迎进入校园大数据学生"画像"系统 ---|
        |---1．添加学生"画像"数据 ---|
        |---2．删除学生"画像"数据 ---|
        |---3．修改学生"画像"数据 ---|
        |---4．搜索学生"画像"数据 ---|
        |---5．退出校园大数据学生"画像"系统 ---|
        |---6．显示全部学生"画像"数据信息 ---|


请输入相应数字操作：
1
请输入要添加的学生姓名：刘晨
请输入学生的学号：201809122
请输入学生的姓名的拼音：liuchen
请输入学生的性别（男Y/女N）：Y
请输入学生的手机号码：15036548562
```

请输入学生的电子邮件地址：liuchen@gmail.com
请输入学生的高等数学成绩：59
请输入学生的大学英语成绩：77
请输入学生的 Python 程序设计成绩：67
|--- 欢迎进入校园大数据学生"画像"系统 ---|
　　　　|---1．添加学生"画像"数据 ---|
　　　　|---2．删除学生"画像"数据 ---|
　　　　|---3．修改学生"画像"数据 ---|
　　　　|---4．搜索学生"画像"数据 ---|
　　　　|---5．退出校园大数据学生"画像"系统 ---|
　　　　|---6．显示全部学生"画像"数据信息 ---|

请输入相应数字操作：
6
{'李 勇': {'sno': '201809121', 'pinyin': 'liyong', 'sex': 'Y', 'tel':
'13513551256', 'email': '13513551256@186.com', 'scores': {'math': 64,
'english': 68, 'python': 67}}, '刘 晨': {'sno': '201809122', 'pinyin':
'liuchen', 'sex': 'Y', 'tel': '15036548562', 'email': 'liuchen@gmail.com',
'scores': {'math': 59, 'english': 77, 'python': 67}}}
|--- 欢迎进入校园大数据学生"画像"系统 ---|
　　　　|---1．添加学生"画像"数据 ---|
　　　　|---2．删除学生"画像"数据 ---|
　　　　|---3．修改学生"画像"数据 ---|
　　　　|---4．搜索学生"画像"数据 ---|
　　　　|---5．退出校园大数据学生"画像"系统 ---|
　　　　|---6．显示全部学生"画像"数据信息 ---|

请输入相应数字操作：
4
请输入要搜索的学生姓名：刘晨
学生 刘晨 的学号：201809122 ，姓名的拼音：liuchen,
性别：Y，手机号码：15036548562，电子邮件地址，liuchen@gmail.com,
成绩 dict_items([('math', 59), ('english', 77), ('python', 67)])
|--- 欢迎进入校园大数据学生"画像"系统 ---|
　　　　|---1．添加学生"画像"数据 ---|
　　　　|---2．删除学生"画像"数据 ---|
　　　　|---3．修改学生"画像"数据 ---|
　　　　|---4．搜索学生"画像"数据 ---|
　　　　|---5．退出校园大数据学生"画像"系统 ---|
　　　　|---6．显示全部学生"画像"数据信息 ---|

请输入相应数字操作：

```
3
请输入要编辑的学生姓名：刘晨
请输入学生的学号：201809122
请输入学生的姓名的拼音：liuchen
请输入学生的性别（男 Y/ 女 N）：Y
请输入学生的手机号码：15036548563
请输入学生的电子邮件地址：liuchenlc@gmail.com
请输入学生的高等数学成绩：95
请输入学生的大学英语成绩：90
请输入学生的 Python 程序设计成绩：98
|--- 欢迎进入校园大数据学生"画像"系统 ---|
        |---1. 添加学生"画像"数据 ---|
        |---2. 删除学生"画像"数据 ---|
        |---3. 修改学生"画像"数据 ---|
        |---4. 搜索学生"画像"数据 ---|
        |---5. 退出校园大数据学生"画像"系统 ---|
        |---6. 显示全部学生"画像"数据信息 ---|

请输入相应数字操作：
6
{' 李 勇 ': {'sno': '201809121', 'pinyin': 'liyong', 'sex': 'Y', 'tel':
'13513551256', 'email': '13513551256@186.com', 'scores': {'math': 64,
'english': 68, 'python': 67}}, ' 刘 晨 ': {'sno': '201809122', 'pinyin':
'liuchen', 'sex': 'Y', 'tel': '15036548563', 'email': 'liuchenlc@gmail.com',
'scores': {'math': 95, 'english': 90, 'python': 98}}}
        |--- 欢迎进入校园大数据学生"画像"系统 ---|
        |---1. 添加学生"画像"数据 ---|
        |---2. 删除学生"画像"数据 ---|
        |---3. 修改学生"画像"数据 ---|
        |---4. 搜索学生"画像"数据 ---|
        |---5. 退出校园大数据学生"画像"系统 ---|
        |---6. 显示全部学生"画像"数据信息 ---|

请输入相应数字操作：
2
请输入要删除的学生姓名：李勇
dict_items([(' 刘晨 ', {'sno': '201809122', 'pinyin': 'liuchen', 'sex': 'Y',
'tel': '15036548563', 'email': 'liuchenlc@gmail.com', 'scores': {'math': 95,
'english': 90, 'python': 98}})])
        |--- 欢迎进入校园大数据学生"画像"系统 ---|
        |---1. 添加学生"画像"数据 ---|
        |---2. 删除学生"画像"数据 ---|
```

```
           |---3. 修改学生"画像"数据---|
           |---4. 搜索学生"画像"数据---|
           |---5. 退出校园大数据学生"画像"系统---|
           |---6. 显示全部学生"画像"数据信息---|

请输入相应数字操作：
6
{'刘 晨': {'sno': '201809122', 'pinyin': 'liuchen', 'sex': 'Y', 'tel':
'15036548563', 'email': 'liuchenlc@gmail.com', 'scores': {'math': 95,
'english': 90, 'python': 98}}}
  |--- 欢迎进入校园大数据学生"画像"系统 ---|
           |---1. 添加学生"画像"数据---|
           |---2. 删除学生"画像"数据---|
           |---3. 修改学生"画像"数据---|
           |---4. 搜索学生"画像"数据---|
           |---5. 退出校园大数据学生"画像"系统---|
           |---6. 显示全部学生"画像"数据信息---|

请输入相应数字操作：
5

Process finished with exit code 0
```

整个系统的完整代码如下：

```python
students={}        # 存储学生信息的嵌套字典结构
while True:         #while 循环语句
    try:           #try…except 异常处理
        print('''|--- 欢迎进入校园大数据学生"画像"系统 ---|
    |---1. 添加学生"画像"数据---|
    |---2. 删除学生"画像"数据---|
    |---3. 修改学生"画像"数据---|
    |---4. 搜索学生"画像"数据---|
    |---5. 退出校园大数据学生"画像"系统 ---|
    |---6. 显示全部学生"画像"数据信息 ---|
     ''')
        order_code = input('请输入相应数字操作:\n')
                                # input() 函数接收控制台输入的字符串
        str_lstrip = order_code.lstrip()
                                # lstrip() 函数删除字符串左边的空字符
        str_rstrip = order_code.rstrip()
                                # rstrip() 函数删除字符串右边的空字符
        choice = int(str_rstrip)    # 强制类型转换
```

```
        if choice == 1:                    #if 的用法
            # 增加学生信息模块
            # 添加学生信息
            name=input(' 请输入要添加的学生姓名 :')

            if name in students:
                print(' 该学生已经存在 ')
            else:
                sno = input(' 请输入学生的学号 :')
                pinyin = input(' 请输入学生的姓名的拼音 :')
                sex = input(' 请输入学生的性别（男 Y/ 女 N）: ')
                tel = input(' 请输入学生的手机号码: ')
                email = input(' 请输入学生的电子邮件地址: ')
                smath =(int)(input(' 请输入学生的高等数学成绩: '))
                senglish =(int)(input(' 请输入学生的大学英语成绩: '))
                spython =(int)(input(' 请输入学生的 Python 程序设计成绩: '))
                label = {
                     'sno': sno, 'pinyin': pinyin,
                     'sex': sex, 'tel': tel, 'email': email,
                     'scores': {'math' : smath,
                             'english' : senglish, 'python' : spython}
                         }                    # 封装字典的格式
                students[name] = label        # 字典中键值配对
        elif choice == 2:                     # elif 的用法
            # 删除学生信息模块
            name = input(' 请输入要删除的学生姓名: ')

            if name in students:
                del students[name]
                print("%s" % students.items())
            else:
                print(' 学生 %s 不存在 ' % name)
        elif choice == 3:
            # 修改学生信息模块
            name = input(' 请输入要编辑的学生姓名: ')

            if name in students:
                students[name]['sno'] = input(' 请输入学生的学号 :')
# input() 函数接收学号
                students[name]['pinyin'] = input(' 请输入学生的姓名的拼音 :')
                students[name]['sex'] = input(' 请输入学生的性别（男 Y/ 女 N): ')
                students[name]['tel'] = input(' 请输入学生的手机号码: ')
```

```
                        students[name]['email'] = input('请输入学生的电子邮件地址：')
                        students[name]['scores']['math'] = (int)(input('请输入学生
的高等数学成绩：'))
                        students[name]['scores']['english'] = (int)(input('请输入学
生的大学英语成绩：'))
                        students[name]['scores']['python'] = (int)(input('请输入学
生的 Python 程序设计成绩：'))
                    else:
                        print('学生 %s 不存在，若要编辑请选择添加选项' % name)   #使用 %s
            elif choice == 4:
                # 查找学生信息模块
                name=input('请输入要搜索的学生姓名：')

                if name in students:
                    print('学生 %s 的学号：%s ，姓名的拼音：%s, \n'
                        '性别：%s, 手机号码：%s, 电子邮件地址：%s,\n'
                        '成绩 %s'% (
                            name, students[name]['sno'], students[name]['pinyin'],
                            students[name]['sex'], students[name]['tel'],students
[name]['email'],
                            students[name]['scores'].items()
                                    )
                        )
                else:
                    print('学生 %s 不存在' % name)
            elif choice == 5:
                break   #退出系统
            elif choice == 6:
                print(students)                          #查看全部学生信息模块
            else:                                        #else 的用法
                print('输入不合法，请输入合法数字')
    except ValueError:
        print('请输入数字选项')
```

实验 5 函数封装

一、实验目的

（1）掌握函数的定义和调用。

（2）掌握函数的参数和返回值的使用。

（3）理解函数的嵌套和递归调用。

（4）掌握匿名函数的定义和使用。

（5）掌握常用内置函数和标准库函数的使用。

二、实验预备知识

（1）Python基本语法和流程控制语句。

（2）Python字符串的使用。

（3）Python列表、元组和字典的使用。

三、实验内容

1. 基础实验

实验5-1　素数有关问题。

关于素数有很多有趣的问题：

例如，孪生素数，是指相差2的素数对，如3和5、5和7、11和13等。

又如，著名的哥德巴赫猜想，是指任意一个大于2的偶数都可写成两个素数之和，如8=3+5、12=5+7等。

编写程序，解决素数有关的问题。

（1）定义函数，判断一个自然数是否是素数：

```
from math import sqrt
def is_prime(n):
    """定义函数，判断一个数是否是素数"""
    if n == 1:
        return False
    for i in range(2, int(sqrt(n))+1):
        if n % i == 0:
            return False
    return True
```

（2）找出100以内的全部素数：

第一种解决方案：

```
# 调用函数，找出 100 以内的所有素数
print("100 以内的素数有：")
for i in range(1,100):
    if is_prime(i):
        print(i)
print()
```

程序运行结果如下：

```
100 以内的素数有：
2 3 5 7 11 13 17 19 23 29 31 37 41 43 47 53 59 61 67 71 73 79 83 89 97
```

第二种解决方案：

```
print("100 以内的素数有：")
prime_list = list(filter(is_prime, range(1,100)))
for i in prime_list:
    print(i, end = " ")
print()
```

程序分析：利用内置函数filter( )实现，过滤掉不是素数的元素。

程序运行结果如下：

```
100 以内的素数有：
2 3 5 7 11 13 17 19 23 29 31 37 41 43 47 53 59 61 67 71 73 79 83 89 97
```

（3）找出指定范围内的所有孪生素数：

```
# 调用函数，找出指定范围内的孪生素数
twin_prime = list()
r = int(input("请输入指定范围："))
for i in range(2, r):
```

```
        if is_prime(i) and is_prime(i+2):
            twin_prime.append((i,i+2))
for tp in twin_prime:
    print(tp)
```

程序运行结果如下：

```
请输入指定范围：100
(3, 5)
(5, 7)
(11, 13)
(17, 19)
(29, 31)
(41, 43)
(59, 61)
(71, 73)
```

（4）验证哥德巴赫猜想，输入一个大于2的偶数，写成两个素数之和的形式。

```
# 验证哥德巴赫猜想
num=int(input('请输入一个大于 2 的偶数：'))
if num % 2 == 0 and num > 2:
    for i in range(2, num):
        if is_prime(i) and is_prime(num-i):
            print(f"{num}={i}+{num-i}")
else:
    print("输入数据不合法！")
```

程序运行结果如下：

```
请输入一个大于 2 的偶数：60
60=7+53
60=13+47
60=17+43
60=19+41
60=23+37
60=29+31
60=31+29
60=37+23
60=41+19
60=43+17
60=47+13
60=53+7
```

分析程序的运行结果，会发现数据是有重复的，如7+53和53+7，自行修改程序避免数据重复。进一步思考，只要找到一组数据就能验证用户输入的数据满足哥德巴赫猜想，就可以直接退出循环，自行修改程序。

实验5-2　文本词频统计。

对于一篇文章，我们希望统计其中多次出现的词语，进而概要分析文章的内容。在对网络信息进行自动检索和归档时，也会遇到同样的问题。这就是"词频统计"问题。

从思路上看，词频统计只是一个累加问题，即对每个词设计一个计数器，该词出现一次，相关累加器加1。对于这个计数器，我们可以选择字典来存储数据，以词为键，以出现次数为值，构成"单词:出现次数"的键值对。

利用字典解决词频统计问题的步骤如下：

（1）输入：输入一篇英文文章，如"The Zen of Python"。

（2）处理：统计每个单词出现的次数。

（3）输出：输出文章中出现的每个单词及其出现次数。

编程实现：

```python
import string

def prepare(txt):
    """ 文章预处理函数 """
    # 把文章全部转换为小写字母
    txt=txt.lower();
    # 把文章中的标点符号用空格替换
    for ch in string.punctuation:
        txt = txt.replace(ch, " ")
    return txt


def words_count(txt):
    """ 统计词频函数 """
    words = txt.split()
    wcounts = dict()
    for w in words:
        # 单个字母忽略不计
        if len(w) >= 2:
            wcounts[w] = wcounts.get(w, 0)+1
    return wcounts

# 获取文章内容，以 The Zen of Python 为例
source = '''Beautiful is better than ugly.
Explicit is better than implicit.
```

```
Simple is better than complex.
Complex is better than complicated.
Flat is better than nested.
Sparse is better than dense.
Readability counts.
Special cases aren't special enough to break the rules.
Although practicality beats purity.
Errors should never pass silently.
Unless explicitly silenced.
In the face of ambiguity, refuse the temptation to guess.
There should be one-- and preferably only one --obvious way to do it.
Although that way may not be obvious at first unless you're Dutch.
Now is better than never.
Although never is often better than *right* now.
If the implementation is hard to explain, it's a bad idea.
If the implementation is easy to explain, it may be a good idea.
Namespaces are one honking great idea -- let's do more of those!'''

total = 0
# 调用预处理函数
text = prepare(source)
# 调用词频统计函数
counts = words_count(text)
# 输出词频大于等于 3 的单词和出现次数
for k, v in counts.items():
    total = total+v
    if v >= 3:
        print(k, v)
print()
# 输出单词总数
print(f"the total of words:{total}")
```

程序运行结果如下：

```
is 10
better 8
than 8
to 5
the 5
although 3
never 3
be 3
one 3
```

```
it 3
idea 3

the total of words:140
```

说明：

英文文章中以空格和标点符号来分隔单词，获得单词并统计数量相对容易。中文文章词语之间没有天然的分隔符，进行词频统计时需要首先进行分词处理，可以借助第三方库例如jieba进行分词处理。

实验5-3　恺撒密码。

在密码学中，恺撒密码（或称恺撒加密、恺撒变换、变换加密）是一种最简单且最广为人知的加密技术。它是一种替换加密的技术，明文中的所有字母都在字母表上向后（或向前）按照一个固定数目进行偏移后被替换成密文。例如，当偏移量是3时，所有的字母A将被替换成D，B变成E，依此类推。

定义函数，实现字符串的恺撒加密和解密，设置加密的偏移量默认值为3。

代码如下：

```python
def encrypt(source, key=3):
    """ 加密函数 """
    result = ""
    # 建立密码表
    d = {}
    for c in (65, 97):
        for i in range(26):
            d[chr(i+c)] = chr((i+key) % 26+c)
    for c in source:
        result = result+d.get(c,c)
    return result

def decrypt(source, key=3):
    """ 解密函数 """
    result = ""
    # 建立译码表
    d = {}
    for c in (65, 97):
        for i in range(26):
            d[chr(i+c)] = chr((i-key+26) % 26+c)
    for c in source:
```

```
        result = result+d.get(c, c)
    return result


text = '''Beautiful is better than ugly.
Explicit is better than implicit.
Simple is better than complex.
Complex is better than complicated.
......'''

# 文本加密
encrypted = encrypt(text)
# 文本解密
decrypted = decrypt(encrypted)

print(f"原文：\n{text}")
print("-"*30)
print(f"密文：\n{encrypted}")
print("-"*30)
print(f"解密文：\n{decrypted}")
```

程序运行结果如下：

```
原文：
Beautiful is better than ugly.
Explicit is better than implicit.
Simple is better than complex.
Complex is better than complicated.
...
------------------------------
密文：
Ehdxwlixo lv ehwwhu wkdq xjob.
Hasolflw lv ehwwhu wkdq lpsolflw.
Vlpsoh lv ehwwhu wkdq frpsoha.
Frpsoha lv ehwwhu wkdq frpsolfdwhg.
...
------------------------------
解密文：
Beautiful is better than ugly.
Explicit is better than implicit.
Simple is better than complex.
Complex is better than complicated.
...
```

拓展与提高：

① 测试key为不同值时的效果。

② 思考key=13时有什么特殊效果。

③ 设计其他加密方法，并编程实现。

2. 延伸实验

实验5-4　小学生数学四则运算练习游戏。

对小学低年级学生来说，四则运算是一项基本技能，也是以后学习数学的重要基础。该程序每次随机产生10道随机10以内的四则运算题目，用户输入答案，系统自动判断是否正确，计算得分，并记录答题时间。10道题目做完后，输出成绩，并询问是否继续做题，如果继续，则进行出题，否则，按分数、答题时间排序，显示成绩。

设计思路：利用随机函数产生算式，包括两个1~9之间的随机数，一个1~4之间的随机数，表示"加、减、乘、除"4类运算，并组合成数学算式。

程序代码如下：

（1）引入必要的函数库：

```
import random
from datetime import datetime
```

（2）定义列表，用于存储成绩数据：

```
record = list()
```

（3）定义函数get_question()，随机产生算式和相应结果：

```
def get_question():
    a = random.randint(1, 9)
    b = random.randint(1, 9)
    op = random.randint(1, 4)
    if op == 1:
        q = str(a)+" + "+str(b)+"="
        qa = a+b
    elif op == 2:
        if a < b:
            a, b=b, a
        q = str(a)+" — "+str(b)+"="
        qa = a-b
    elif op == 3:
```

```
        q = str(a)+"×"+str(b)+"="
        qa = a*b
    elif op == 4:
        a = a*b
        q = str(a)+"÷"+str(b)+"="
        qa = a/b
    else:
        pass
    return q, qa
```

（4）主程序：

```
while True:
    count = 0
    score = 0
    # 记录开始时间
    start = datetime.now()

    for i in range(10):
        question, answer = get_question()
        res = int(input(question))
        if res == answer:
            score += 10
            count += 1
    # 计算答题用时
    length = (datetime.now()-start).seconds
    # 记录得分和用时
    record.append([score, length])
    print(f"小朋友，你答对了 {count} 道题，得到 {score} 分，用时 {length} 秒。")
    # 确定是否继续
    ch = input("还要再来一次吗？（Y/N)")
    if ch != "Y" and ch != "y":
        break
# 对答题成绩进行排序，按分数降序、用时升序排序
record.sort(key = lambda x: (x[0], -x[1]), reverse=True)
# 显示答题成绩排名
i = 0
for r in record:
    i = i+1
    print(f"第 {i} 名：{r[0]:3} 分，用时 {r[1]:3} 秒")
```

程序运行结果如下：

```
6-5=1
3×4=12
```

9+6=14
8-5=3
7-6=1
7+2=5
6-4=2
6-4=2
21÷3=7
3+4=7
小朋友,你答对了8道题,得到80分,用时22秒.
还要再来一次吗?(Y/N) y
1×6=6
5×1=5
6-1=5
2×7=14
1×9=8
4+6=12
6+3=9
9÷9=1
7-6=1
1×3=3
小朋友,你答对了8道题,得到80分,用时19秒.
还要再来一次吗?(Y/N) y
4+7=11
9+7=16
6-3=3
3÷1=3
8×5=42
4-4=1
27÷3=9
6-5=1
18÷9=2
9-1=8
小朋友,你答对了8道题,得到80分,用时25秒.
还要再来一次吗?(Y/N) y
4-4=0
8+6=14
6+4=10
7+3=10
8-6=2
7-1=6
8-6=2
2-1=1

```
5-4=1
5+1=5
```
小朋友，你答对了 9 道题，得到 90 分，用时 20 秒．

还要再来一次吗？(Y/N) n

第 1 名：90 分，用时 20 秒

第 2 名：80 分，用时 19 秒

第 3 名：80 分，用时 22 秒

第 4 名：80 分，用时 25 秒

拓展与提高

① 在程序中添加难度选择功能，难度1：1~9之间的数；难度2：1~19之间的数；难度3：1~99之间的数。

② 对程序中添加成绩判断功能，90分及以上为"真棒！"；60~90分为"很好！"；60分以下为"要加油了！"。

实验5-5 人机对战小游戏（抓小狐狸）。

编写程序模拟抓狐狸的小游戏，假设一排一共有5个洞口，小狐狸最开始的时候躲在其中一个洞口，然后用户随机打开一个洞口，如果里面有小狐狸就抓到了。如果洞里没有小狐狸就明天再来抓，但是小狐狸会在有人来抓之前跳到隔壁洞口里。

设计思路：定义一个列表模拟狐狸洞口，有狐狸表示为1，没有狐狸表示为0，游戏开始时利用随机函数模拟狐狸初始位置。

程序代码如下：

```python
import random

def catch_fox(n = 5, maxStep = 10):
    """ 模拟抓狐狸，一共 n 个洞口，最多允许抓 maxStep 次
    如果失败，小狐狸就会跳到隔壁洞口 """
    #n 个洞口，有狐狸为 1，没有狐狸为 0
    # 游戏初始化，模拟狐狸的初始位置
    positions = [0]*n
    old_position = random.randint(0, 4)
    positions[old_position] = 1
    while maxStep >= 0:
        maxStep -= 1
        while True:
            try:
```

```
            ch = input("你准备打开哪个狐狸洞口啊？(0-{0}): ".format(n-1))
            ch = int(ch)
            if 0 <= ch < n:
                break
            else:
                print("请输入洞口号，再试一次吧！")
        except:
            print("必须输入数字！再试一次吧。")

    if positions[ch] == 1:
        print("抓住小狐狸啦！真厉害！")
        break
    else:
        print("不好意思，今天没抓住，明天再试试吧！")
        #print(positions) 调试程序时可以输出狐狸位置
        # 模拟小狐狸跳到隔壁洞口
        if old_position == n-1:
            new_position = old_position-1
        elif old_position == 0:
            new_position = old_position+1
        else:
            new_position = old_position+random.choice((-1, 1))
        positions[old_position] = 0
        positions[new_position] = 1
        old_position = new_position
    else:
        print("没有机会了，放弃吧！")

# 调用函数，启动游戏，开始抓狐狸啦
catch_fox()
```

程序运行结果如下：

没有抓住小狐狸的效果：

```
你准备打开哪个狐狸洞口啊？(0-4):1
不好意思，今天没抓住，明天再试试吧！
你准备打开哪个狐狸洞口啊？(0-4):2
不好意思，今天没抓住，明天再试试吧！
你准备打开哪个狐狸洞口啊？(0-4):1
不好意思，今天没抓住，明天再试试吧！
你准备打开哪个狐狸洞口啊？(0-4):3
不好意思，今天没抓住，明天再试试吧！
你准备打开哪个狐狸洞口啊？(0-4):4
```

```
不好意思，今天没抓住，明天再试试吧！
你准备打开哪个狐狸洞口啊？(0-4):0
不好意思，今天没抓住，明天再试试吧！
你准备打开哪个狐狸洞口啊？(0-4):2
不好意思，今天没抓住，明天再试试吧！
你准备打开哪个狐狸洞口啊？(0-4):4
不好意思，今天没抓住，明天再试试吧！
你准备打开哪个狐狸洞口啊？(0-4):3
不好意思，今天没抓住，明天再试试吧！
你准备打开哪个狐狸洞口啊？(0-4):2
不好意思，今天没抓住，明天再试试吧！
你准备打开哪个狐狸洞口啊？(0-4):1
不好意思，今天没抓住，明天再试试吧！
没有机会了，放弃吧！
```

抓住小狐狸的效果：

```
你准备打开哪个狐狸洞口啊？(0-4):2
不好意思，今天没抓住，明天再试试吧！
你准备打开哪个狐狸洞口啊？(0-4):1
不好意思，今天没抓住，明天再试试吧！
你准备打开哪个狐狸洞口啊？(0-4):3
不好意思，今天没抓住，明天再试试吧！
你准备打开哪个狐狸洞口啊？(0-4):4
不好意思，今天没抓住，明天再试试吧！
你准备打开哪个狐狸洞口啊？(0-4):0
不好意思，今天没抓住，明天再试试吧！
你准备打开哪个狐狸洞口啊？(0-4):2
不好意思，今天没抓住，明天再试试吧！
你准备打开哪个狐狸洞口啊？(0-4):1
不好意思，今天没抓住，明天再试试吧！
你准备打开哪个狐狸洞口啊？(0-4):3
抓住小狐狸啦！真厉害！
```

3. 综合实验

实验5-6 面积计算器。

面积计算是工程数学中经常遇到的问题。常见的面积计算有正方形、矩形、平行四边形、梯形、三角形、圆形、扇形、圆环等。设计一个面积计算器，可以根据用户的选择，提示用户输入数据，计算面积并输出结果。

（1）引入必须的库：

```
import math
from datetime import datetime
```

（2）定义显示主菜单函数menu( )：

```
def menu():
    """ 显示系统菜单 """
    today=datetime.today()
    print("============== 面积计算器 ==============")
    print(today.strftime("%Y-%m-%d %H:%M:%S"))    # 输出当前时间
    print("   1. 矩形面积 ")
    print("   2. 三角形面积 ")
    print("   3. 圆形面积 ")
    print("   4. 扇形面积 ")
    print("   5. 圆环面积 ")
    print("   0. 退出系统 ")
    print("="*40)
```

（3）定义计算圆形面积函数circle( )和处理函数get_circle_area( )：

```
def circle(r):
    """ 计算圆形面积 """
    s = math.pi*r*r
    return s


def get_circle_area():
    s = input(" 请输入圆形半径 r: ")
    r = eval(s)
    area = circle(r)
    print(f" 半径为 {r} 的圆形面积是：{area}")
```

（4）类似地，定义其他的计算面积函数和相应的处理函数：

```
def triangle(a, b, c):
    """ 计算三角形面积 """
    if a+b>c and b+c>a and c+a>b:
        p = (a+b+c)/2.0
        s = math.sqrt(p*(p-a)*(p-b)*(p-c))
        return s
    else:
        return -1

def get_triangle_area():
    s = input(" 请输入三角形三边 (a, b, c): ")
    s = s.split(",")
    a, b, c = map(eval, s)
    area = triangle(a, b, c)
```

```python
        print(f"边长为 {a},{b},{c} 的三角形面积是：{area}")

def rectangle(a, b):
    """计算矩形面积"""
    s = a*b
    return s

def get_rectangle_area():
    s = input("请输入矩形的边长（a, b）: ")
    s = s.split(",")
    a, b = map(eval, s)
    area = rectangle(a, b)
    print(f"边长为 {a},{b} 的矩形面积是：{area}")

def circle(r):
    """计算圆形面积"""
    s=math.pi*r*r
    return s

def get_circle_area():
    s = input("请输入圆形半径 r: ")
    r = eval(s)
    area = circle(r)
    print(f"半径为 {r} 的圆形面积是：{area}")

def sector(r, angle):
    """计算扇形面积"""
    s = circle(r)*angle/360
    return s

def get_sector_area():
    s = input("请输入扇形的半径和圆心角（r,n）: ")
    s = s.split(",")
    r, n = map(eval, s)
    area = sector(r, n)
    print(f"半径为 {r}, 圆心角为 {n} 的扇形面积是：{area}")

def ring(r1,r2):
    """计算圆环面积"""
    if r1 > r2 :
        s = circle(r1)-circle(r2)
    else:
        s = circle(r2)-circle(r1)
    return s
```

```
def get_ring_area():
    s = input("请输入圆环的内、外半径（r1,r2）：")
    s = s.split(",")
    r1, r2 = map(eval, s)
    area = ring(r1, r2)
    print(f"内半径为{r1}，外半径为{r2}的圆环面积是：{area}")
```

（5）定义main( )函数，控制程序流程。

```
def main():
    """控制程序流程函数"""
    menu()  #显示菜单
    while True:
        # 获取用户的输入序号
        order_code=input("请输入相应的操作序号：")
        try:  #异常处理
            choice=int(order_code)
            if choice == 1:
                get_rectangle_area()
            elif choice == 2:
                get_triangle_area()
            elif choice == 3:
                get_circle_area()
            elif choice == 4:
                get_sector_area()
            elif choice == 5:
                get_ring_area()
            elif choice == 0:
                ch=input("您确定要退出系统吗？（Y/N）")
                if ch == "Y" or ch == "y":
                    break
            else:
                print("输入不合法！请输入合法数字序号")
        except ValueError:                          # 捕获异常
            print("请输入数字选项！请输入合法数字序号")
        # 输出分隔线
        print("="*40)
```

（6）调用main( )函数：

```
# 调用 main() 函数
main()
```

程序运行结果如下：

```
================ 面积计算器 ================
2019-08-08 11:45:31
    1.矩形面积
    2.三角形面积
    3.圆形面积
    4.扇形面积
    5.圆环面积
    0.退出系统
==============================================

请输入相应的操作序号,1
请输入矩形的边长(a,b):4,5
边长为 4,5 的矩形面积是:20
==============================================

请输入相应的操作序号:2
请输入三角形三边(a,b,c):3,4,5
边长为 3,4,5 的三角形面积是:6.0
==============================================

请输入相应的操作序号:3
请输入圆形半径 r:5
半径为 5 的圆形面积是:78.53981633974483
==============================================

请输入相应的操作序号:4
请输入扇形的半径和圆心角(r,n):5,90
半径为 5,圆心角为 90 的扇形面积是:19.634954084936208
==============================================

请输入相应的操作序号:5
请输入圆环的内、外半径(r1,r2):3,5
内半径为 3,外半径为 5 的圆环面积是:50.26548245743669
==============================================

请输入相应的操作序号:AA
请输入数字选项!请输入合法数字序号
==============================================

请输入相应的操作序号:8
输入不合法!请输入合法数字序号
==============================================

请输入相应的操作序号:0
您确定要退出系统吗? (Y/N)y
```

📁 拓展与提高:

　　① 添加如正方形、平行四边形、梯形、椭圆等其他图形的面积计算功能。

　　② 添加计算图形周长的功能。

实验6 文件存储

一、实验目的

（1）理解文件相关概念，掌握文件的基本操作。

（2）理解掌握文件的操作技巧，实现不同类型文件、不同大小文件的操作。

（3）理解和使用pickle与json实现文件数据系列化操作。

二、实验预备知识

Python基本程序设计流程和基本语法。

三、实验内容

1. 基础实验

实验6-1　使用open( )与close( )方法进行基本的文件操作。

（1）实验描述：

考核知识点：

掌握open( )函数与close( )函数的使用。

练习目标：

掌握文件打开、关闭的基本方法。

需求分析：

在操作文件时，最常见的就是打开文件并读取相关内容，Python中提供了一系列与文件基本操作的相关方法，利用这些方法可以进行文件的打开、读取、关闭操作。为了让初学者掌握文件操作常用方法，本实验将针对如何通过open( )、close( )等方法实现文件基本功能进行演示。

设计思路（实现原理）：

① 编写test6-1.py，在同一目录下，利用open( )函数创建一个文本文件student.txt。

② 利用write( )函数在文件student.txt中书写"欢迎进入学生画像系统！"。

③ 分别以二进制和文本形式读取该文件内容，并把内容显示在屏幕上。

④ 调用close( )函数关闭该文件。

（2）实验实现：

```
f = open('student.txt','wt')
f.write("欢迎进入学生画像系统!")
f = open('student.txt','rt')
print(f.readline())
f = open('student.txt','rb')
print(f.readline())
f.close()
```

程序结果如下：

```
欢迎进入学生画像系统！
b'\xbb\xb6\xd3\xad\xbd\xf8\xc8\xeb\xd1\xa7\xc9\xfa\xbb\xad\xcf\xf1\xcf\
xb5\xcd\xb3!'
```

（3）实验总结：

① 通过open( )函数进行文件打开操作。open( )函数语法格式如下：

```
open(name[, mode[, buffering]])
```

参数说明：

name：一个包含了要访问的文件名称的字符串值。

mode：决定了打开文件的模式：只读、写入、追加等。

buffering：设为大于1的整数，表明寄存区的缓冲大小；如果取负值，则寄存区的缓冲大小为系统默认。

传入name时包含了待读取文件的路径，可以是相对路径也可以是绝对路径。

② f=open('student.txt','wt')：如果文件不存在，则自动创建。在利用open( )函数读取文件数据时，必须保证文件是存在并且可读的，否则会抛出文件找不到的异常。

③ rt表示以文本形式读取文件，以只读方式打开文件。文件的指针将会放在文件的开头。

rb表示以二进制格式打开一个文件用于读写。文件指针将会放在文件的开头。

④ readline( )表示从文本文件中读取一行内容作为结果返回。

⑤ 文件使用结束，须调用close( )函数关闭文件。

⑥ 思考：修改test6-1，实现只读取文件的单个字节。参考代码如下：

```
f = open('student.txt','wt')
f.write(" 欢迎进入学生画像系统！")
f = open('student.txt','rt')
print(f.read(1))
```

程序运行结果如下：

```
欢
```

read(size)函数从文件当前位置起读取size个字节。若无参数size，则表示读取至文件结束为止，它的范围为字符串对象。

实验6-2 利用上下文管理器打开student.txt，以二进制和文本形式展示内容。

（1）实验描述：

考核知识点：

掌握with上下文管理器的用法。

练习目标：

掌握利用with上下文管理器操作文件的方法。

需求分析：

在操作文件时，利用close( )函数在恰当时机关闭文件是十分重要的。但如何恰当关闭文件？最好的解决办法是在管理文件对象时使用with关键字，引入上下文管理器进行相关操作。利用with关键字打开文件，执行完with语句内容之后，自动关闭文件对象。用户只需打开文件，并在需要时使用它，Python会在恰当的时候自动将其关闭。

设计思路（实现原理）：

① 编写test6-2.py，在同一目录下，利用with上下文管理器打开student.txt。

② 分别以二进制和文本形式读取该文件内容，并把内容显示在屏幕上。

③ 调用close( )函数关闭该文件。

（2）实验实现：

```
with open('student.txt','rt') as f:
    print(f.readline())
with open('student.txt', 'rb') as f:
    print(f.readline())
```

程序运行结果如下：

```
欢迎进入学生画像系统！
```

```
b'\xbb\xb6\xd3\xad\xbd\xf8\xc8\xeb\xd1\xa7\xc9\xfa\xbb\xad\xcf\xf1\xcf\
xb5\xcd\xb3!'
```

（3）实验总结：

这里使用了 with 语句，不管在处理文件过程中是否发生异常，都能保证 with 语句执行完毕后已经关闭了打开的文件句柄。

实验6-3　实现从文件中读取单个字符。

（1）实验描述：

考核知识点：

掌握利用循环从文件中读取单个字符。

练习目标：

掌握文件特性，利用循环实现单个字符读取。

需求分析：

在操作文件时，有时需要按照读写要求进行文件内容的相关读取，比如读取文件所有字符内容，这时需要有机结合循环用法。

设计思路（实现原理）：

① 编写test6-3.py，利用with方法，打开文本文件student.txt。

② 利用while循环，逐行提取。

③ 利用while循环嵌套，读取每行内容，并把内容显示在屏幕上。

（2）实验实现：

```python
with open("student.txt") as f:
    for line in f:
        for ch in line:
            print(ch)
```

程序运行结果如下：

```
欢
迎
进
入
学
生
画
像
系
```

```
统
！
```

（3）实验总结：

① 利用for...in...迭代器的方式，进行循环访问，外层循环控制行，内层循环控制每个字符。

② 思考：如何利用read(1)完成单个字符读取？参考代码如下：

```
with open("student.txt") as f:
    while True:
        c = f.read(1)
        if not c:
            print ("文件结尾")
            break
        print(c)
```

程序运行结果如下：

```
欢
迎
进
入
学
生
画
像
系
统
！
```

read(1)方法是读取一个字符。

实验6-4　实现文件的复制。

（1）实验描述：

考核知识点：

掌握利用read( )与write( )方法实现文件的复制操作。

练习目标

熟练运用read( )与write( )方法实现文件复制。

需求分析：

在操作文件时，有时候需要对文件进行复制，通常需要利用read( )和write( )方法进行。

设计思路（实现原理）：

① 编写test6-4.py，利用read( )方法，读取原文件student.txt的内容。

② 利用write( )方法把读取的内容写入目标文件student1.txt。

（2）实验实现：

```
src=open("student.txt", "r")
dst=open("student1.txt", "w")
dst.write(src.read())
src.close()
dst.close()
```

程序运行结果如图6-1所示。

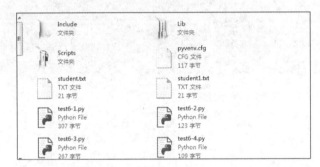

图6-1　实验6-4程序运行结果

两个文件的内容如图6-2所示。

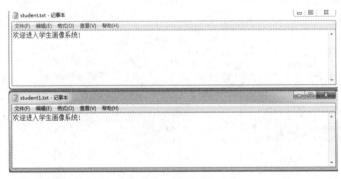

图6-2　两个文件的内容

（3）实验总结

① 利用read( )读取原文件student.txt的内容。

② 然后利用write( )把原文件读取的内容写入目标文件student1.txt。

③ 思考：有两个磁盘文件f1.txt和f2.txt，各存放一行字母，要求把这两个文件中的信息合并（按字母顺序排列），输出到一个新文件f3.txt中。参考代码如下：

```
def fileopen(filename):
```

```
    fileobj = open(filename)
    try:
        filetext=fileobj.read()
        return filetext
    finally:
        fileobj.close()

def filewrite(filename,str):
    f=open(filename,'w')
    f.write(str)
    f.close()

filewrite('f1.txt',"sdfsdf")
filewrite('f2.txt',"jlhuyi")
a = fileopen('f1.txt')
b = fileopen('f2.txt')
str = ''.join(sorted(a+b))
filewrite('f3.txt',str)
```

程序运行结果如图6-3所示。

图6-3　思考题程序运行结果

① 定义fileopen(filename)函数，进行文件filename的读取，并返回文件读取的内容filetext。

② 定义filewrite(filename,str)函数，进行文件filename的书写，把字符串str写入文件filename。

③ 利用join( )函数连接字符串，利用sorted( )函数进行字符排序。

实验6-5 读取student.txt文档内容，并利用seek( )与tell( )操作文件指针，利用readline( )与readlines( )读取文件。

（1）实验描述：

考核知识点：

掌握seek( )、tell( )、readline( )、readlines( )函数的相关用法

练习目标：

熟练掌握seek( )、tell( )、readline( )、readlines( )函数。

需求分析：

文件对象提供了两个方法来操作文件指针，分别是seek( )和tell( )。

```
seek(offset[, whence])
```

参数说明：

offset：开始的偏移量，也就是代表需要移动偏移的字节数。

whence：可选，默认值为 0。给offset参数一个定义，表示要从哪个位置开始偏移：0代表从文件开头开始算起，1代表从当前位置开始算起，2代表从文件末尾算起。当 whence 为 0 时（这是默认值），比如将 offset 设为 6，就是将文件指针移动到第 6 处；当 whence 为 1 时，表明从指针当前位置开始计算，比如文件指针当前在第 3 处，将 offset 设为 6，就是将文件指针移动到第9 处；当 whence 为 2 时，表明从文件结尾开始计算，比如将 offset 设为 6，表明将文件指针移动到文件结尾倒数第 6 处。

```
tell()
```

此方法返回该文件中读出的文件/写指针的当前位置。

设计思路（实现原理）：

① 编写test6-5.py，利用seek( )函数定位到从文件开始的5位置上。

② 利用tell( )函数告诉光标当前位置。

③ 利用readline( )函数逐行读取，利用readlines( )函数把每一行当成列表中的元素进行显示。

（2）实验实现：

```
with open('6-5.txt',mode='r+',encoding='utf-8') as f:
    # 显示长度为 5 的内容
    print(f.read(5))
    # 光标移动到位置 5
    f.seek(5)
    # 告知光标位置
    print(f.tell())
    #read() 如果不包含参数，则是读取整个文件内容
    print(f.read())
    # 告知光标当前位置
    print(f.tell())
    # 定位到文件起始位置
    f.seek(0)
    # 利用 readline 逐行读取
    print(f.readline())
    # 从第二行开始，每一行当成列表中一个元素，添加到列表中
    print(f.readlines())
```

程序运行结果如下：

```
5
ddsf
sdf
sdfsd
adg
26
dsfsaddsf

['sdf\n', 'sdfsd\n', 'adg']
```

（3）实验总结：

熟练掌握seek( )、tell( )、readline( )、readlines( )等方法，并了解相应函数的返回值。

实验6-6　读取文档内容，显示除了星号（*）开头的行以外的所有行。

（1）实验描述：

考核知识点：

掌握文件操作时，如何利用readline( )函数提取每行内容，并把相关内容存放在列表中，然后通过列表操作进行内容展示。

练习目标：

● 熟练掌握利用while、for...in...形式进行循环访问。

- 利用readline( )函数读取文档每行内容，利用列表存储每行的内容。
- 利用startswith( )函数判断字符串是否以相关内容开头。

需求分析:

利用循环进行文本访问，并利用相关方法按要求实现相关文档内容的读取。

设计思路（实现原理）:

① 编写test6-6.py，利用with打开6-6.txt文件（见图6-4），利用while循环和readline( )函数读取文本的内容，并把相关内容存储在列表变量readlist中。

② 利用for...in...迭代方式访问列表内容。

③ 对列表内容，采用startswith('*')判断字符串是否以'*'开头，采用if not语句进行判断，然后输出不以'*'开头的文档内容。

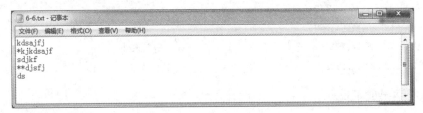

图6-4　6-6.txt文件

（2）实验实现：

```
readlist = []
with open('6-6.txt') as f:
    while True:
        rline=f.readline()
        if rline:
            readlist.append(rline)
        else:
            break
for i in readlist:
    if not i.startswith("*"):
        print(i)
```

程序运行结果如下：

```
kdsajfj

sdjkf

ds
```

（3）实验总结：

① 熟练掌握利用诸如while、for...in...等循环方式进行文档访问。

② 熟练运用字符串相关方法，按要求进行文档内容读取。

实验6-7 比较两个文本文件test1.txt与test2.txt的文本内容. 如果不同, 给出第一个不同处的行号和列号。

（1）实验描述：

考核知识点:

掌握文件操作时readlines( )方法的用法。

练习目标:

· 熟练掌握利用while、for...in...形式进行循环访问。

· 利用readlines( )函数逐行读取文档内容，并把每行内容以列表元素形式存储。

需求分析:

利用循环进行文本访问，并利用相关方法按要求实现相关文档内容的读取和比较。

设计思路（实现原理）:

① 编写test6-7.py，利用with打开test1.txt与test2.txt文件（见图6-5），利用readlines( )读取文本的内容，并把相关内容赋给test1line、test2line。

② 利用for...in...迭代方式比较test1line、test2line的内容，输出相应行号、列号。

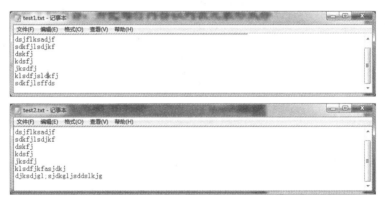

图6-5　test1.txt与test2.txt文件

（2）实验实现：

```
# 利用 with 同时打开两个文件
with open('test1.txt','r') as f1,open('test2.txt','r') as f2:
# 利用 readlines 读取文件 f1、f2 的内容给两个变量
    test1line = f1.readlines()
```

```
    test2line = f2.readlines()
    test1len = len(test1line)
    test2len = len(test2line)
# 确定比较的最小行数,以最短的文档为主
    minlen1 = min(test1len,test2len)
# 利用循环访问最小行数的文档内容,并逐行显示
    for i in range(minlen1):
        print("test1.txt 中内容是: %s,test2.txt 中内容是:
%s",(test1line[i],test2line[i]))
# 比较每行内容是否相等
        if test1line[i]! = test2line[i]:
# 确定每行的最小列
            minlen2 = min(len(test1line[i]),len(test2line[i]))
# 比较每个元素是否相等,不等则退出循环
            for j in range(minlen2):
                if test1line[i][j] != test2line[i][j]:
                    print(' 行号是: %d, 列号是: %d' % (i+1, j+1))
                    break
            break
        else:
            print
            ' 该文档比对内容相同 \n'
```

程序运行结果如下:

```
test1.txt 中内容是: %s,test2.txt 中内容是: %s ('dsf\n', 'dsf\n')
test1.txt 中内容是: %s,test2.txt 中内容是: %s ('dsjflksadjf\n', 'dsjflksadjf\n')
test1.txt 中内容是: %s,test2.txt 中内容是: %s ('sdkfjlsdjkf\n', 'sdkfjlsdjkf\n')
test1.txt 中内容是: %s,test2.txt 中内容是: %s ('dskfj\n', 'dskfj\n')
test1.txt 中内容是: %s,test2.txt 中内容是: %s ('kdsfj\n', 'kdsfj\n')
test1.txt 中内容是: %s,test2.txt 中内容是: %s ('jksdfj\n', 'jksdfj\n')
test1.txt 中内容是: %s,test2.txt 中内容是: %s ('klsdfjsldkfj\n', 'klsdfjkfa
sjdkj\n')
行号是: 7, 列号是: 7
```

(3)实验总结:

① 熟练掌握利用while、for...in...等循环方式进行文档访问。

② 熟练掌握利用readlines()进行文档内容逐行读取,每行以列表元素形式存储。

实验6-8 利用json完成stu_1={'sno':'201809121','name':'李勇','pinyin': 'liyong','sex':'Y','tel':'13 513551256','email':'13513551256@186.com', 'score':{'math':'64','english':'68','python':'67'}}的序列化 和反序列化存储。

（1）实验描述：

考核知识点：

掌握序列化操作时，json模块4个常用方法如表6-1所示。

◎表 6-1　json 模块常用方法

方　　法	功　能　描　述
json.dump(obj,file)	将 Python 内置类型序列化为 json 对象后写入文件
json.load(file)	读取文件中 json 形式的字符串元素转化为 Python 类型
json.dumps(obj)	将 Python 对象编码成 json 字符串
json.loads(string)	将已编码的 json 字符串解码为 Python 对象

练习目标：

熟练掌握以上4种方法，实现把字典转化成json字符串，json字符串转化为字典，字典转化json字符串并写入文件，文件中json字符串转换为字典。

需求分析：

利用相关方法按要求实现相关相关内容的序列化和反序列化。

设计思路（实现原理）：

① 编写test6-8.py，通过引入json模块实现序列化与反序列化。

② 利用dumps( )将字典stu_1转换为字符串。

③ 利用loads( )将json字符串转换为字典。

④ 利用dump( )直接将字典stu_1转换为字符串转换成json字符串写入stu_1.txt文件。

⑤ 利用load( )直接将stu_1.txt文件中的json字符串转换并显示出来。

（2）实验实现：

```
import json
stu_1 = {'sno':'201809121',
         'name':' 李勇 ',
         'pinyin':'liyong',
         'sex':'Y',
         'tel':'13513551256',
         'email':'13513551256@186.com',
         'score':{'math':'64','english':'68','python':'67'}}
# 将字典转换为 json 字符串，json.dumps 序列化时对中文默认使用的 ASCII 编码。想输出真正
的中文需要指定 ensure_ascii=False
jstr = json.dumps(stu_1,ensure_ascii=False)
print(jstr)
```

```
print(type(jstr))
# 将 json 字符串转换为字典
sjson = json.loads(jstr)
print(sjson)
print(type(sjson))
# 利用 json.dump( ) 函数直接把 stu_1 序列化后写入文件 f
with open('stu_1.txt', 'wt',encoding='utf-8') as f:
#dump 方法接收一个文件句柄，直接将字典转换成 json 字符串写入文件
    json.dump(stu_1,f,ensure_ascii=False)
# 利用 json.load() 函数直接反序列化，并打印出来
with open('stu_1.txt', 'r',encoding='utf-8') as f:
#load( ) 方法接收一个文件句柄，直接将文件中的 json 字符串转换成数据结构返回
    print(json.load(f))
```

程序运行结果如下：

```
"sno": "201809121", "name": " 李勇 ", "pinyin": "liyong", "sex": "Y",
"tel": "13513551256", "email": "13513551256@186.com", "score": {"math": "64",
"english": "68", "python": "67"}}
    <class 'str'>
    {'sno': '201809121', 'name': ' 李勇 ', 'pinyin': 'liyong', 'sex': 'Y',
'tel': '13513551256', 'email': '13513551256@186.com', 'score': {'math': '64',
'english': '68', 'python': '67'}}
    <class 'dict'>
    {'sno': '201809121', 'name': ' 李勇 ', 'pinyin': 'liyong', 'sex': 'Y',
'tel': '13513551256', 'email': '13513551256@186.com', 'score': {'math': '64',
'english': '68', 'python': '67'}}
```

其中stu_1.txt文档内容如图6-6所示。

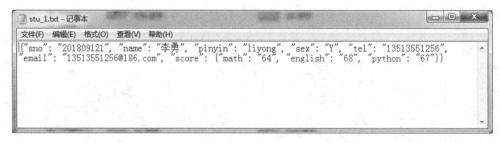

图6-6　stu_1.txt文档内容

（3）实验总结：

① 熟练掌握json模块4种方法实现序列化与反序列化。

② dumps(stu_1,ensure_ascii=False)中，由于序列化时对中文默认使用的ASCII编码，为了显示正确的中文，需要指定ensure_ascii=False。dump( )类似。

实验6-9　利用pickle模块完成stu_1={'sno':'201809121', 'name':' 李勇','pinyin': 'liyong', 'sex':'Y', 'tel':'13513551256','email':'13513551256@186.com', 'score':{'math':'64','english':'68','python':'67'}}的序列化和反序列化存储。

（1）实验描述：

考核知识点：

掌握序列化操作时，pickle模块4个常用方法如表6-2所示。

◎表 6-2　pickle 常用方法

方　　法	功 能 描 述
pickle.dump(obj,file,[,protocol])	序列化对象，并将结果对象 obj 以二进制形式写入文件 file 中
pickle.load(file)	将序列化的对象从文件 file 中读取出来
pickle.dumps(obj[, protocol])	将 obj 对象序列化为 string 形式，而不是存入文件中
pickle.loads(string)	从 string 中读出序列化前的 obj 对象

练习目标：

熟练掌握以上4种方法。Python中几乎所有的数据类型（列表、字典、集合、类等）都可以用pickle来序列化。

需求分析：

利用相关方法按要求实现相关相关内容的序列化和反序列化。

设计思路（实现原理）：

① 编写test6-9.py，通过引入pickle模块实现序列化与反序列化。

② 利用dumps( )将字典stu_1转换为字符串

③ 利用loads( )将从字符串中读出序列化前的obj对象。

④ 利用dump( )直接将字典stu_1转换成object对象以二进制形式写入stu_1.txt文件。

⑤ 利用load( )直接将stu_1.txt文件中的序列化对象转换并显示出来。

（2）实验实现：

```
import pickle
stu_1 = {'sno':'201809121',
         'name':' 李勇 ',
         'pinyin':'liyong',
         'sex':'Y',
         'tel':'13513551256',
         'email':'13513551256@186.com',
         'score':{'math':'64','english':'68','python':'67'}}
```

```
## 利用 pickle.dumps() 函数直接把 stu_1 序列化，并显示出来
data1 = pickle.dumps(stu_1)
print("序列化：%r"%data1)
# 利用 pickle.loads() 函数直接反序列化，并显示出来
data2=pickle.loads(data1)
print("反序列化：%r"%data2)
# 利用 pickle.dump() 函数直接把 stu_1 序列化后写入文件 f
with open('stu_11.txt', 'wb') as f:
    pickle.dump(stu_1,f)
# 利用 pickle.load() 函数直接反序列化，并打印出来
with open('stu_11.txt', 'rb') as f:
    print("从文件中读取并反序列化：%r"%pickle.load(f))
```

程序运行结果如下：

序列化: b'\x80\x03}q\x00(X\x03\x00\x00\x00snoq\x01X\t\x00\x00\x00201809121q\
x02X\x04\x00\x00\x00nameq\x03X\x06\x00\x00\x00\xe6\x9d\x8e\xe5\x8b\x87q\
x04X\x06\x00\x00\x00pinyinq\x05X\x06\x00\x00\x00liyongq\x06X\x03\x00\x00\
x00sexq\x07X\x01\x00\x00\x00Yq\x08X\x03\x00\x00\x00telq\tX\x0b\x00\x00\
x0013513551256q\nX\x05\x00\x00\x00emailq\x0bX\x13\x00\x00\x0013513551256@186.
comq\x0cX\x05\x00\x00\x00scoreq\r}q\x0e(X\x04\x00\x00\x00mathq\x0fX\x02\x00\
x00\x0064q\x10X\x07\x00\x00\x00englishq\x11X\x02\x00\x00\x0068q\x12X\x06\x00\
x00\x00pythonq\x13X\x02\x00\x00\x0067q\x14uu.'
反序列化: {'sno': '201809121', 'name': '李勇', 'pinyin': 'liyong', 'sex':
'Y', 'tel': '13513551256', 'email': '13513551256@186.com', 'score': {'math':
'64', 'english': '68', 'python': '67'}}
从文件中读取并反序列化: {'sno': '201809121', 'name': '李勇', 'pinyin':
'liyong', 'sex': 'Y', 'tel': '13513551256', 'email': '13513551256@186.com',
'score': {'math': '64', 'english': '68', 'python': '67'}}

其中stu_11.txt文档内容如图6-7所示。

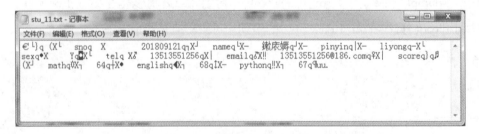

图6-7　stu_11.txt文档内容

（3）实验总结：

熟练掌握pickle模块4个方法实现序列化与反序列化。

2. 延伸实验

实验6-10 用户将注册账号和密码保存到一个文件里，然后系统等待用户登录，从文件里调出注册的账号和密码与之比较，正确则登录成功，允许有3次错误登录机会。

（1）实验描述：

考核知识点：

综合考查文件的打开、读写等操作。

练习目标：

熟练掌握with上下文管理器操作文件、读写文件等。

需求分析：

在实际应用中，综合运用文件的相关操作，实现常规的用户登录操作。

设计思路（实现原理）：

① 编写test6-10.py，把输入的uname与pwd写入文件list_of_info。

② 利用append( )方法把注册用的用户名和密码写入列表lis。

③ 利用while循环控制输入的次数。

④ 利用if判断登录输入字符串与登录用的用户名与密码是否相同，从而判断登录结果。

（2）实验实现：

```python
uname = input('请输入注册的用户名：')
pwd = input('请输入注册的用户密码：')
with open('list_of_info',mode='w',encoding='utf-8') as fz:
    fz.write('{}\n{}'.format(uname,pwd))
print('恭喜您，注册成功')
lis = []
i = 0
while i < 3:
    uname = input('输入用户名：')
    pwd = input('输入用户密码：')
    with open('list_of_info',mode = 'r+',encoding = 'utf-8') as fd:
        for line in fd:
            lis.append(line)
    if uname == lis[0].strip() and pwd == lis[1].strip():
        print('登录成功')
        break
    else:
        print('账号和密码错误')
    i += 1
```

程序运行结果如下：

首先进行注册：

> 请输入注册的用户名：lt
> 请输入注册的用户密码：123456
> 恭喜您，注册成功

其中list_of_info文档内容如图6-8所示。

图6-8　list_of_info文档内容

然后进行登录，如果三次都用户名或密码错误，则得到程序运行结果如下：

输入用户名：lt1
输入用户密码：lt1
账号和密码错误
输入用户名：lt
输入用户密码：123654
账号和密码错误
输入用户名：lt
输入用户密码：1234566
账号和密码错误

如果用户名或密码正确，则得到程序运行结果如下：

请输入注册的用户名：lt
请输入注册的用户密码：123456
恭喜您，注册成功
输入用户名：lt
输入用户密码：123456
登录成功

（3）实验总结：

① 这里使用了文件进行登录账号与密码的存储。其中，mode='w'，encoding='utf-8'。

② 利用write('{}\n{}'.format(uname,pwd)) 把uname与pwd换行存储。

③ 读取list_of_info文件，并利用迭代方法把读取内容存入uname与pwd，方便登录时进行字符串比对，从而确定是否登录成功。

实验6-11　修改文件内容，一种是在原文件上直接进行修改，一种是把原文件内容和要修改的内容写到新文件中进行存储的方式，请分别编程实现。

（1）实验描述：

考核知识点：

综合考查文件的打开、读写等操作。

练习目标：

熟练掌握with上下文管理器操作文件、读写文件等。

需求分析：

在实际应用中，熟练利用文件的相关操作实现相关功能。

设计思路（实现原理）：

① 编写test6-11.py，编写alter_file(file,old_str,new_str)函数，实现文件file中旧字符串old_str替换成新字符串new_str。

② 利用迭代循环遍历进行查找替换。

③ 编写alter_oldfile(file,old_str,new_str)函数，实现文件file中旧字符串old_str替换成新字符串new_str。

④ 利用with打开新旧文件，实现相关内容替换，然后删除旧文件，重新命名新文件。

（2）实验实现：

```
# 定义函数 alter_file
def alter_file(file,old_str,new_str):
    file_data = ""
# 利用 with 读取文件内容
    with open(file, "r", encoding="utf-8") as f:
# 利用迭代进行字符串替换
        for line in f:
            if old_str in line:
                line = line.replace(old_str,new_str)
            file_data += line
# 利用 with 把文件内容重新写入
    with open(file,"w",encoding="utf-8") as f:
        f.write(file_data)
# 调用 alter_file() 方法
alter_file("stuinfo.txt", "liyong", "wangsan")
```

程序运行结果如下：

stuinfo.txt原内容如图6-9所示。

stuinfo.txt - 记事本
文件(F) 编辑(E) 格式(O) 查看(V) 帮助(H)
stu_1={'sno':'201809121',
'name':'liyong',
'pinyin':'liyong',
'sex':'Y',
'tel':'13513551256',
'email':'13513551256@186.com',
'score':{'math':'64','english':'68','python':'67'}}

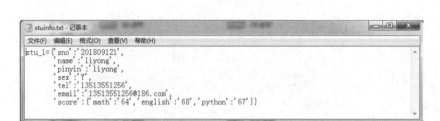

图6-9　stuinfo.txt原内容

运行上述程序后，stuinfo.txt新内容如图6-10所示。

stuinfo.txt - 记事本
文件(F) 编辑(E) 格式(O) 查看(V) 帮助(H)
stu_1={'sno':'201809121',
'name':'wangsan',
'pinyin':'wangsan',
'sex':'Y',
'tel':'13513551256',
'email':'13513551256@186.com',
'score':{'math':'64','english':'68','python':'67'}}

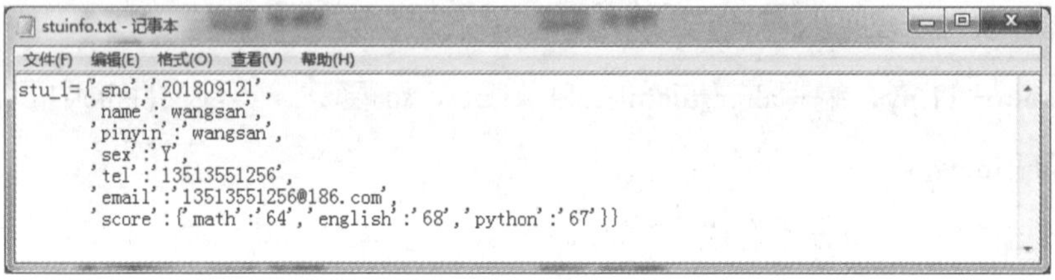

图6-10　stuinfo.txt新内容

继续完善程序，代码如下：

```
# 导入 os 模块进行文件删除和重命名
import os
# 定义函数 alter_oldfile()
def alter_oldfile(file,old_str,new_str):
# 利用 with 分别以读写形式打开新旧两个文件
    with open(file, "r", encoding="utf-8") as f1,open("%s.bak" % file,
"w", encoding="utf-8") as f2:
# 利用迭代，读取旧文件相关内容，并替换相关字符串
        for line in f1:
            if old_str in line:
                line = line.replace(old_str, new_str)
            f2.write(line)
# 利用 remove() 删除旧文件
    os.remove(file)
# 利用 rename() 对新文件重命名
    os.rename("%s.bak" % file, file)
# 调用 alter_oldfile() 方法
alter_oldfile ("stuinfo1.txt ", "name", " 姓名 ")

# 定义函数 alter_file()
def alter_file(file,old_str,new_str):
    file_data = ""
# 利用 with 读取文件内容
```

```
    with open(file, "r", encoding="utf-8") as f:
# 利用迭代进行字符串替换
        for line in f:
            if old_str in line:
                line = line.replace(old_str,new_str)
            file_data + =line
# 利用 with 把文件内容重新写入
    with open(file,"w",encoding="utf-8") as f:
        f.write(file_data)
# 调用 alter_file() 方法
alter_file("stuinfo.txt", "liyong", "wangsan")
```

输出结果：

stuinfo.txt原内容如图6-11所示。

stuinfo.txt - 记事本
文件(F) 编辑(E) 格式(O) 查看(V) 帮助(H)

```
stu_1={'sno':'201809121',
       'name':'liyong',
       'pinyin':'liyong',
       'sex':'Y',
       'tel':'13513551256',
       'email':'13513551256@186.com',
       'score':{'math':'64','english':'68','python':'67'}}
```

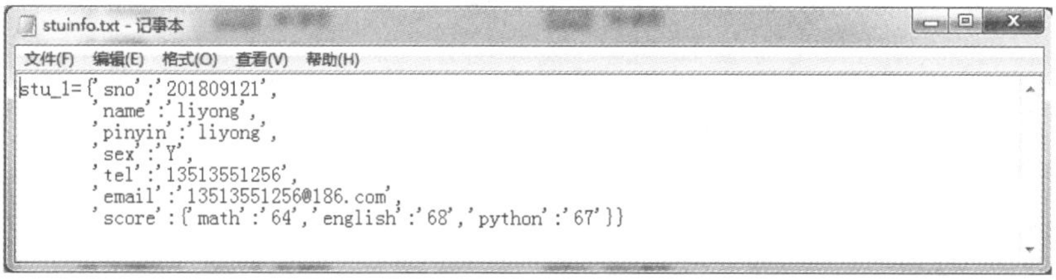

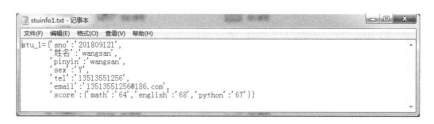

图6-11 stuinfo.txt

运行上述程序后，stuinfo1.txt新内容如图6-12所示。

stuinfo1.txt - 记事本
文件(F) 编辑(E) 格式(O) 查看(V) 帮助(H)

```
stu_1={'sno':'201809121',
       '姓名':'wangsan',
       'pinyin':'wangsan',
       'sex':'Y',
       'tel':'13513551256',
       'email':'13513551256@186.com',
       'score':{'math':'64','english':'68','python':'67'}}
```

图6-12 stuinfo1.txt新内容

（3）实验总结：

① 这里介绍了两种进行文件修改的方法：第一种是直接重写文件内容；第二种是把修改后内容写入新文件。

② 第二种方法采用import os实现文件的重命名和删除工作。

③ 思考：利用re模块实现文件内容修改。参考代码如下：

```
# 导入 re,os 模块进行文件删除和重命名
import re,os
```

```
# 定义函数 alter_refile( )
def alter_refile(file,old_str,new_str):
# 利用 with 分别以读写形式打开新旧两个文件
    with open(file, "r", encoding="utf-8") as f1,open("%s.bak" % file,
"w", encoding="utf-8") as f2:
# 利用迭代，读取旧文件相关内容，并替换相关字符串
        for line in f1:
# 调用正则化方法替换子串
            f2.write(re.sub(old_str,new_str,line))
# 利用 remove() 删除旧文件
    os.remove(file)
# 利用 rename() 对新文件重命名
    os.rename("%s.bak" % file, file)
alter_refile("stuinfo1.txt ", "score", " 成绩 ")
```

运行上述程序后，stuinfo1.txt的内容如图6-13所示。

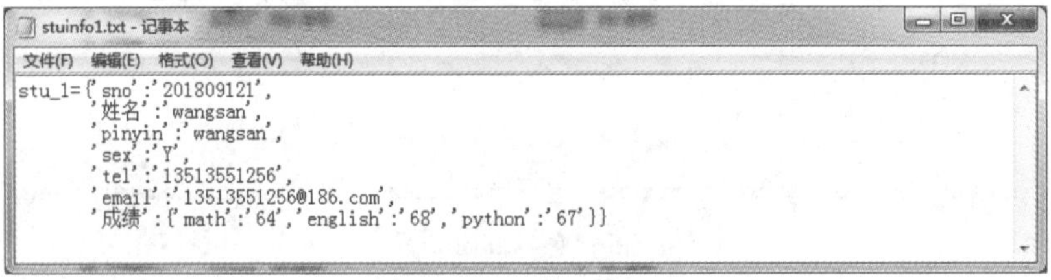

图6-13　修改后的stuinfo1.txt文件

3. 综合实验

实验6-12　制作一个"密码本"，其可以存储一个网址和一个密码。添加"添加""删除""修改""查找""退出"5个菜单，并实现相关功能。

（1）实验描述：

考核知识点：

综合考查文件的相关操作，以及json模块的使用。

练习目标：

熟练掌握Python中文件的各种操作。

需求分析：

在实际应用中，需要利用文件相关操作实现相关功能，为学生"画像"系统的最后实现打下基础。

设计思路（实现原理）：

① 编写test6-12.py，利用json、os模块实现密码本的"添加""删除""修改""查找""退

出"五大功能，把添加的网址和密码存储在codebook.txt文件中。

② 定义mainMenu( )、addData( )、delData( )、modifyData( )、queryData( )，以及main( )函数。

③ 利用if＿ ＿name＿ ＿=='＿ ＿main＿ ＿'进行代码执行。

（2）实验实现：

```
# 利用 import 导入相关的 json 与 os 模块
import json
import os
# 字典 codebookeData 用于存放相关数据
codebookData = {}
# 设置主菜单界面，并输入相关 keyvalue 值进行菜单选择
def mainMenu():
    print(' 欢迎使用密码本 '.center(30, '='))
    print("""
    1.添加数据
    2.删除数据
    3.修改数据
    4.查询数据
    5.退出
请选择：
    """)
    keyvalue = int(input())
    return keyvalue
# 定义添加数据的函数 addData( )
def addData():
    global codebookData
# 输入相应的网址和密码
    addInterInput = input('请输入需要添加的网址：')
    addPasswdInput = input('请输入需要添加的密码：')
# 如果添加的网址不存在，则添加相关密码，否则提示网址已存在
    if not queryData(addInterInput, keyvalue=2):
        codebookData[addInterInput]=addPasswdInput
    else:
        print('添加网址已存在！')


# 定义删除数据的函数 delData( )
def delData():
    global codebookData
    delInterInput = input('请输入要删除的网址：')
# 如果删除的网址存在则删除网址，否则提示相关信息
```

```python
        if queryData(delInterInput, keyvalue=2):
            del codebookData[delInterInput]
            print('%s 删除成功！' % delInterInput)
        else:
            print('删除的网址不存在！')
# 定义修改数据的函数 modifyData( )
def modifyData():
    global codebookData
    modifyInterInput = input('请输入要修改的网址：')
    newInterInput = input('请输入新网址：')
    addPasswdInput = input('请输入新密码：')
# 如果输入的网址存在，则进行相关修改，否则显示提示信息
    if queryData(modifyInterInput, keyvalue=2):
        del codebookData[modifyInterInput]
        codebookData[newInterInput]=addPasswdInput
    else:
        print('修改网址不存在！')


# 定义查询数据的函数，传递两个参数
# 第一个参数 interName：查询网址名称
# 第二个参数：默认值为 1，如果查询网址存在且第二个参数为 1 则显示网址信息
def queryData(interName, keyvalue=1):
# 如果查询的网址存在，则显示网址和密码
    if interName in codebookData.keys():
        if keyvalue == 1:
            print('网址：', interName)
            print('密码：', codebookData[interName])
        return True
# 如果查询的网址不存在，则显示提示信息
    else:
        if keyvalue == 1:
            print('网址不存在！')
        return False


def main():
    while True:
# 调用 mainMenu() 函数，并返回输入的菜单选项赋值给 userInput
        userInput = mainMenu()
# 根据 userInput 值选择相应功能函数
        if userInput == 1:
            addData()
        elif userInput == 2:
```

```
                delData()
            elif userInput == 3:
                modifyData()
            elif userInput == 4:
                queryInterName = input('请输入你要查询的网址：')
                queryData(queryInterName)
            elif userInput == 5:
                break
# 返回值如果是0则打印字典内容
            elif userInput == 0:
                print(codebookData)
            else:
                print('输入错误，清重新输入：')


if __name__=='__main__':
# 如果codebook.txt存在，则读取相关内容并将已编码的 json 字符串解码为 Python 对象
    if os.path.exists('codebook.txt'):
        with open('codebook.txt', 'r') as f:
            codebookDataRead = f.read()
            codebookData = json.loads(codebookDataRead)
        main()
# 主函数执行完毕，则将 Python 对象编码成 json 字符串
        codebookDataStr = json.dumps(codebookData)
# 把json字符串写入 codebook.txt
        with open('codebook.txt', 'w') as f:
            f.write(codebookDataStr)
# 如果codebook.txt 不存在，则定位起始位置，把执行后的结果编码成 json 字符串，写入文件
codebook.txt
    else:
        with open('codebook.txt', 'w+') as f:
            f.seek(0, 0)
            main()
            codebookDataStr=json.dumps(codebookData)
            f.write(codebookDataStr)
```

输出结果：

程序运行结果如下：

```
=========== 欢迎使用密码本 ============
    1. 添加数据
    2. 删除数据
    3. 修改数据
```

```
    4.查询数据
    5.退出
请选择:
```

第一次输入1,输入需要添加的网址和密码:

```
1
请输入需要添加的网址:www.sina.com
请输入需要添加的密码:123456
```

第二次输入1,输入需要添加的网址和密码:

```
1
请输入需要添加的网址:www.baidu.com
请输入需要添加的密码:654321
```

第三次输入1,输入需要添加的网址和密码:

```
1
请输入需要添加的网址:www.sohu.com
请输入需要添加的密码:142536
```

输入0,显示codebook.txt内容:

```
0
{'www.sina.com': '123456', 'www.baidu.com': '654321', 'www.sohu.com':
'142536'}
```

输入2,进行删除数据:

```
2
请输入要删除的网址:www.baidu.com
www.baidu.com 删除成功!
```

输入3,进行修改数据:

```
3
请输入要修改的网址:www.sohu.com
请输入新网址:www.sohu1.com
请输入新密码:362514
```

输入0,显示codebook.txt内容:

```
0
{'www.sina.com': '123456', 'www.sohu1.com': '362514'}
```

输入4,进行查询数据,如果查询的数据存在则:

```
4
请输入你要查询的网址：www.sohu1.com
网址： www.sohu1.com
密码： 362514
```

输入4，进行查询数据，如果查询的数据不存在则：

```
4
请输入你要查询的网址：www.sohu.com
网址不存在！
```

输入5，退出程序：

```
5

Process finished with exit code 0
```

（3）实验总结：

① 通过该程序熟练掌握文件相关操作，实现对数据的增删改查。

② 利用json实现序列化和反序列化。

③ 通过定义函数，具备一定的综合程序开发能力。

一、实验目的

（1）理解并掌握类的用法。

（2）熟悉继承的使用。

（3）熟悉多态的使用。

二、实验预备知识

Python函数的使用。

三、实验内容

1. 基础实验

面向对象最重要的概念就是类（Class）和实例（Instance），必须牢记类是抽象的模板，比如，在主教材中的Student类；而实例是根据类创建出来的一个个具体的"对象"，每个对象都拥有相同的方法，但各自的数据可能不同。

实验7-1　实现学校成员类，这个类登记成员的姓名，并且统计学校的总人数。老师类继承学校成员类，创建对象的时候总人数加一，老师类登记老师的工资。学生类继承学校成员类，总人数也会加一，学生类登记学生的成绩。对象消亡的时候，总人数会减一。

答案解析：

```
class SchoolMember:
#总人数，这个是类的变量
sum_member = 0
```

```
    # _ _init_ _( ) 方法在类的对象被创建时执行
    def _ _init_ _(self, name):
        self.name = name
        SchoolMember.sum_member += 1
        print("学校新加入一个成员,%s" % self.name)
        print("现在有成员 %d 人" % SchoolMember.sum_member)

    # 自我介绍
    def say_hello(self):
        print("大家好,我叫,%s" % self.name)

    # _ _del_ _( ) 方法在对象不使用的时候运行
    def _ _del_ _(self):
        SchoolMember.sum_member -= 1
        print("%s 离开了,学校还有 %d 人" % (self.name, SchoolMember.sum_member))


# 老师类继承学校成员类
class Teacher(SchoolMember):
    def _ _init_ _(self, name, salary):
        SchoolMember._ _init_ _(self, name)
        self.salary=salary

    def say_hello(self):
        SchoolMember.say_hello(self)
        print("我是老师,我的工资是,%d" % self.salary)

    def _ _del_ _(self):
        SchoolMember._ _del_ _(self)


# 学生类
class Student(SchoolMember):
    def _ _init_ _(self, name, mark):
        SchoolMember._ _init_ _(self, name)
        self.mark=mark

    def say_hello(self):
        SchoolMember.say_hello(self)
        print("我是学生,我的成绩是,%d" % self.mark)

    def _ _del_ _(self):
```

```
        SchoolMember._ _del_ _(self)

if _ _name_ _ == '_ _main_ _':
    t=Teacher("黄宇", 3000)
    t.say_hello()
    s=Student("李晨", 77)
    s.say_hello()
```

程序运行结果如下：

```
学校新加入一个成员：黄宇
现在有成员 1 人
大家好，我叫：黄宇
我是老师，我的工资是：3000
学校新加入一个成员：李晨
现在有成员 2 人
大家好，我叫：李晨
我是学生，我的成绩是：77
黄宇离开了，学校还有 1 人
李晨离开了，学校还有 0 人
```

实验7-2 设计一个工资类（Salary），其中的数据成员有：salary_li代表所有员工工资；整型值number表示的职工人数。在main( )函数中调用自己设计好的成员函数完成下面的功能：

① 输入职工工资，工资保存到salary数组中，实际人数保存到number中（输入-1标志着工资输入结束）。

② 给每个人涨100元工资。

③ 对涨后的工资进行排序。

④ 输出排序后的工资。

答案解析：

```
class Salary(object):
    def _ _init_ _(self ,salary_li=[],number=0):
        self.salary_li = salary_li
        self.number = number
    def salaryInput(self):
        while True:
            salary = int(input("Input salary:"))
            if salary != -1:
                self.number += 1
```

```
                    self.salary_li.append(salary)
            else:
                break
    def salarySort(self):
        return sorted(self.salary_li)
    def salaryAdd(self,money =100):
        self.salary_li = [items+money for items in self.salary_li]
        return self.salary_li


if _ _name_ _ == '_ _main_ _':
    s=Salary()
    s.salaryInput()
    s.salaryAdd()
    print(s.salarySort())
```

程序运行结果如下：

```
Input salary:320
Input salary:256
Input salary:781
Input salary:-1
[356, 420, 881]
```

2. 延伸实验

实验7-2中，输入工资是手动在控制台完成的，那么，如果输入100个人的工资还能采用上面的方法吗？答案是否定的，我们通常采用文件读取的方式来完成。请看下面的例子：

实验7-3　现给出包含了500个职工工资的文件salary.txt，从文件中读数据，完成实验7-2中的工作。

答案解析：

```
import random
def create_file(filename):
salary = (str(random.randint(4000,10000)) for i in range(500))
with open(filename,'w+') as f:
for salary1 in salary:
f.write(salary1+'\n')
class Salary(object):
def _ _init_ _(self ,salary_li = [],number=0):
        self.salary_li = salary_li
        self.number = number
def Readfile(self,filename):
with open(filename) as f:
```

```
            self.salary_li = [items.strip() for items in f.readlines()]
            self.number = len(self.salary_li)
    def salarySort(self):
    return sorted(self.salary_li)
    def salaryAdd(self,money = 100):
            self.salary_li = [int(item)+money for item in self.salary_li]
    return self.salary_li
```

程序运行结果如下：

```
[4145, 4145, 4149, 4150, 4150, 4155, 4168, 4189, 4217, 4246, 4272, 4285,
4298, 4319, 4337, 4346, 4349, 4352, 4384, 4408, 4415, 4431, 4447, 4457, 4459,
4490, 4499, 4531, 4534, 4554, 4558, 4590, 4594, 4595, 4596, 4602, 4613, 4643,
4652, 4664, 4682, 4683, 4700, 4708, 4710, 4735, 4742, 4752, 4762, 4763, 4771,
4787, 4791, 4796, 4799, 4801, 4809, 4813, 4830, 4836, 4838, 4856, 4858, 4859,
4868, 4873, 4878, 4878, 4880, 4884, 4914, 4943, 4951, 4959, 4961, 4975, 4980,
4984, 4986, 5003, 5015, 5019, 5028, 5045, 5059, 5065, 5087, 5089, 5092, 5114,
5116, 5141, 5152, 5163, 5173, 5179, 5197, 5240, 5257, 5258, 5261, 5286, 5296,
5310, 5330, 5331, 5345, 5348, 5350, 5361, 5396, 5452, 5457, 5463, 5485, 5495,
5498, 5499, 5508, 5509, 5522, 5527, 5550, 5561, 5568, 5569, 5576, 5619, 5632,
5638, 5663, 5664, 5669, 5672, 5673, 5707, 5715, 5721, 5752, 5756, 5765, 5766,
5783, 5792, 5802, 5809, 5825, 5826, 5829, 5862, 5869, 5870, 5888, 5888, 5898,
5903, 5903, 5904, 5914, 5922, 5927, 5940, 5952, 5958, 5962, 5973, 5982, 6002,
6006, 6012, 6034, 6059, 6073, 6086, 6087, 6090, 6097, 6102, 6145, 6152, 6173,
6182, 6188, 6193, 6194, 6197, 6275, 6276, 6282, 6286, 6301, 6305, 6335, 6335,
6343, 6348, 6354, 6367, 6367, 6368, 6389, 6432, 6440, 6443, 6449, 6463, 6481,
6501, 6503, 6513, 6529, 6550, 6551, 6568, 6579, 6598, 6626, 6639, 6656, 6660,
6662, 6663, 6674, 6689, 6734, 6737, 6740, 6744, 6765, 6797, 6807, 6810, 6811,
6818, 6820, 6835, 6835, 6854, 6861, 6867, 6914, 6939, 6955, 6958, 6988, 7015,
7016, 7030, 7039, 7046, 7053, 7062, 7063, 7080, 7080, 7084, 7088, 7095, 7097,
7102, 7136, 7186, 7188, 7202, 7207, 7223, 7227, 7234, 7260, 7261, 7278, 7288,
7324, 7366, 7379, 7399, 7417, 7419, 7421, 7427, 7441, 7473, 7492, 7493, 7497,
7505, 7513, 7515, 7519, 7556, 7567, 7625, 7672, 7673, 7682, 7686, 7697, 7703,
7719, 7732, 7746, 7749, 7763, 7782, 7784, 7784, 7792, 7794, 7795, 7806, 7846,
7857, 7862, 7866, 7869, 7883, 7889, 7891, 7893, 7915, 7918, 7932, 7934, 7972,
7991, 8010, 8015, 8021, 8029, 8030, 8031, 8034, 8038, 8047, 8050, 8055, 8058,
8063, 8068, 8077, 8088, 8121, 8122, 8125, 8129, 8143, 8144, 8150, 8154, 8166,
8212, 8212, 8220, 8234, 8244, 8255, 8268, 8280, 8311, 8320, 8330, 8339, 8348,
8350, 8380, 8383, 8386, 8404, 8415, 8434, 8451, 8486, 8504, 8524, 8528, 8550,
8556, 8605, 8612, 8624, 8632, 8663, 8666, 8671, 8675, 8715, 8738, 8766, 8790,
8798, 8799, 8836, 8839, 8842, 8854, 8864, 8903, 8916, 8963, 8965, 8979, 8982,
8987, 8987, 8992, 9003, 9044, 9066, 9069, 9080, 9082, 9086, 9101, 9113, 9122,
9124, 9141, 9148, 9152, 9155, 9161, 9171, 9190, 9195, 9203, 9205, 9231, 9242,
```

```
9243, 9258, 9260, 9283, 9289, 9303, 9320, 9325, 9327, 9334, 9341, 9367, 9389,
9397, 9411, 9417, 9420, 9434, 9444, 9446, 9460, 9487, 9489, 9491, 9491, 9512,
9526, 9542, 9542, 9545, 9557, 9559, 9587, 9588, 9632, 9640, 9643, 9657, 9672,
9682, 9692, 9693, 9699, 9701, 9703, 9704, 9726, 9742, 9752, 9752, 9800, 9806,
9824, 9829, 9840, 9873, 9882, 9894, 9894, 9940, 9946, 9968, 9984, 9995,
10002, 10016, 10017, 10046, 10057, 10072, 10076, 10077]
```

实验7-4 编程实现一个DVD管理系统，功能包含查询所有DVD、增加DVD、借出DVD、归还DVD、退出，DVD的类目包括DVD名字、DVD单日出租价格、DVD借出状态，未借出用0表示，已借出用1表示，当归还时，提示借出的时间，并计算出租金。

答案解析：

```python
class DVD:
    def __init__(self,name,price,status):
        self.name = name
        self.price = price
        self.status = status


if __name__ == "__main__":
    # 0 未借出, 1 借出
    a = DVD("盗梦空间",10,1)
    b = DVD("星际穿越",20,0)
    c = DVD("黑客帝国",30,1)
    dvds = {a.name:a,b.name:b,c.name:c}

    while True:
        print("————————DVD管理系统————————")
        print("1.查询所有DVD")
        print("2.增加DVD")
        print("3.借出DVD")
        print('4.归还DVD')
        print("5.退出")
        print("----------------------------------------------------------")
        i=int(input("请选择您要进行的操作：\n"))

        if i == 5:
            break
        elif i == 1:
            print("名称".center(20)+"每天租金".center(20)+"状态".
center(10))
            for key in dvds.keys():
                print(dvds.get(key).status)
```

```
                    if dvds.get(key).status==0:
                        print(key.center(18)+str(dvds.get(key).price).
center(21)+" 未借出 ".center(11))
                    else:
                        print(key.center(18)+str(dvds.get(key).price).
center(21)+" 已借出 ".center(11))
            elif i == 2:
                name = input("\t 请输入要添加的 DVD 名称：")
                while name in dvds.keys():
                    name = input("\t 该 DVD 已经存在，请重新输入：")
                else:
                    price = input("\t 请输入要添加的 DVD 的每天租金：")
                    new_dvd = DVD(name,price,0)
                    dvds[name] = new_dvd
                    print(" 添加成功！！！ ")
            elif i == 3:
                while True:
                    name = input("\t 请输入要借出的 DVD 名称：")
                    if  name not in dvds.keys():
                        print('\t\t 没有该 DVD，请重新输入! ')
                    elif dvds.get(name).status==1:
                        print('\t\t 已经借出，请重新输入! ')
                    else:
                        print("{} 借出成功!! ".format(name))
                        dvds.get(name).status=1
                        break
            elif i == 4:
                while True:
                    name = input("\t 请输入要归还的 DVD 名称：")
                    if name not in dvds.keys():
                        print("\t\t 不存在，请重新输入! ")
                    elif dvds.get(name).status==0:
                        print("\t\t 该 DVD 没有被借出，请重新输入：")
                    else:
                        days = int(input("\t 请输入借出天数："))
                        print(" 请扫一扫: ",int(dvds.get(name).price)*days," 元 ")
                        dvds.get(name).status=0
                        print(" 归还成功!! ")
                        break
```

程序运行结果如下：

実验 7 系 统 集 成

```
——————DVD 管理系统——————
1.查询所有 DVD
2.增加 DVD
3.借出 DVD
4.归还 DVD
5.退出
------------------------------------------------
请选择您要进行的操作:
1
名称                    每天租金              状态
1
盗梦空间                 10                  已借出
0
星际穿越                 20                  未借出
1
黑客帝国                 30                  已借出
——————DVD 管理系统——————
1.查询所有 DVD
2.增加 DVD
3.借出 DVD
4.归还 DVD
5.退出
------------------------------------------------
请选择您要进行的操作:
2
        请输入要添加的 DVD 名称:哪吒之魔童降世
        请输入要添加的 DVD 的每天租金:40
添加成功!!!
——————DVD 管理系统——————
1.查询所有 DVD
2.增加 DVD
3.借出 DVD
4.归还 DVD
5.退出
------------------------------------------------
请选择您要进行的操作:
3
        请输入要借出的 DVD 名称:哪吒之魔童降世
哪吒之魔童降世借出成功!!
——————DVD 管理系统——————
1.查询所有 DVD
2.增加 DVD
```

```
3.借出 DVD
4.归还 DVD
5.退出
--------------------------------------------------------------
请选择您要进行的操作：
4
        请输入要归还的 DVD 名称：哪吒之魔童降世
        请输入借出天数：2
请扫一扫： 80 元
归还成功！！
————————DVD 管理系统————————
1.查询所有 DVD
2.增加 DVD
3.借出 DVD
4.归还 DVD
5.退出
--------------------------------------------------------------
请选择您要进行的操作：
5
```

通过上述例子可以更明显地看到面向对象的优势，下面再强调一下面向对象和面向过程的区别。

① 面向过程：以事物流程为中心，核心是"过程"步骤，即先干什么，后干什么。

优点：负责的问题流程化，编写相对简单。

缺点：可扩展性差。

② 面向对象：一切以对象为中心，万事万物皆是对象（object）。

优点：可扩展性强。

缺点：编程的复杂度高于面向过程。

不能因为学习了面向对象的编程而否定面向过程编程的优势，下面来看一个例子。

实验7-5 我们知道把大象装进冰箱里需要三步：开冰箱、装大象、关冰箱。

答案解析：

面向过程实现代码：

```python
    def open():
    print(" 开门 ")
def carry():
    print(" 装大象 ")
def close():
```

```
        print("关门")
if _ _name_ _ == '_ _main_ _':
open()
    carry()
    close()
```

程序运行结果如下：

```
开门
装大象
关门
```

面向对象实现代码：

```
class Elephant:
    def _ _init_ _(self,open,carry,close):
        self.open = open
        self.carry = carry
        self.close = close
if _ _name_ _ == '_ _main_ _':
    elephant = Elephant("开冰箱","装大象","关冰箱")
    print(elephant.open)
    print(elephant.carry)
    print(elephant.close)
```

程序运行结果如下：

```
开冰箱
装大象
关冰箱
```

从实验7-5可以明显看出，采用面向过程的方式更简单一些，所以在不同的情形下应该选择不同的方式。

实验7-6　现在李勇同学骑车去学校上课，在主函数中需要定义人物：李勇，交通工具：自行车，自行车有个颜色属性，并且需要定义去的地方：学校。

答案解析：

```
#定义学生的对象
class Student:
    #初始化人的属性
    def _ _init_ _(self,name,card):
        self.name = name
        self.card = card
```

```
        # 定义人使用交通工具的方法
        def drive(self,tool,place):
            if self.card:
                tool.driving()
                print("{} 同学骑 {} 去 {}".format(self.name,tool.name,place.name))
            else:
                print(" 郑州交警提醒您：道路千万条，安全第一条，行车不规范，亲人两行泪 ")

# 定义交通工具的对象
class Traffic_Tools:
    # 初始化交通工具的属性
    def _ _init_ _(self,name,color):
        self.name = name
        self.color = color
    # 定义交通工具的启动方法
    def driving(self):
        print("{} 已经启动 ".format(self.name))

# 定义地点的对象
class Place:
    # 初始化地点的属性
    def _ _init_ _(self,name):
        self.name=name
if _ _name_ _ == '_ _main_ _':
    student=Student(" 李勇 ",True)
    tool=Traffic_Tools(" 自行车 "," 灰色 ")
    place=Place(" 学校 ")
    student.drive(tool,place)
```

程序输出结果如下：

```
自行车已经启动
李勇同学骑自行车去学校
```

3. 综合实验

实验7-7　使用Python实现在超市中买水果的场景。分析这个场景：

① 输入自己所有的钱。

② 展示商品的序号、名称及价格。

③ 输入要买商品的序号。

④ 输入要买商品的数量。

⑤ 购物车中显示购买的水果名称及其对应的数量和剩余钱。

⑥ 如果序号输入有误，则提示用户重新输入。

⑦ 如果钱不够了则提示用户钱不够，并且退出程序。

思路如下：

```
1. 输入钱
 if 钱是数字
    合格
    2. 展示商品列表 (for 循环、枚举、format ( ) 方法)
    while 循环, 因为要连续输入商品序号
       3. 提示用户输入商品序号
       4. 判断商品序号是否由数字组成
       if 商品序号是数字
          5. 判断商品序号的范围
          if 输入的商品序号在范围内
             6. 提示用户输入数量
             7. 判断数量是否是数字
             if  数量是数字
                8. 计算总价钱
                9. 判断商品总价钱是否小于用户输入的钱
                if  商品总价小于用户的钱
                   10. 添加购物车
                   if 购物车中没有商品
                      添加商品和数量
                   else
                      添加数量
                   显示用户的余额
                else
                   余额不足
                   break
             else
                数量不是数字
          else
             商品范围不正确
       else
          商品序号不合法
else
   输入的钱不合法
```

答案解析：

```
product_list = [{'name': '苹果', 'price': 10},
                {'name': '榴莲', 'price': 30},
                {'name': '草莓', 'price': 20},
                {'name': '菠萝', 'price': 15},
```

```
                    {'name':'西瓜','price':12}
                    ]
# 1.创建一个购物车盛放水果
shopping_cart = {}
# 2.提示用户输入钱
money_str = input('请展示一下你的钱: ')
if money_str.isdigit():
    user_money = int(money_str)                          # 类型转换
    #3.展示商品
    for index, dic in enumerate(product_list, start=1):
        print('水果的序号: {}, 名称: {}, 价格: {}'.format(index, dic['name'],
dic['price']))
    while True:
        #4.输入序号
        num_xh_str = input('请输入序号: ')
        if num_xh_str.isdigit():
            '''输入的是数字'''
            num_xh = int(num_xh_str)   # 类型转换
            if num_xh>0 and num_xh <=len(product_list):
                '''输入的序号范围在产品列表范围内'''
                # 5.输入数量
                num_sl_str = input('请输入数量: ')
                if num_sl_str.isdigit():
                    num_sl = int(num_sl_str)   # 类型转换
                    '''6.判断买的商品的总价格是否超过了所有钱,
如果没有超过,就可以添加到购物车中,如果
超过了就退出程序'''
                    #1.求商品的总价格: 数量 * 价钱
                    # 根据序号找到水果的价格
                    num_dj = product_list[num_xh-1]['price']
# 注意索引的获取
                    product_total_money = num_dj*num_sl
# 购买某一种水果的总价钱
                    # 2.水果总价钱和用户的钱进行比较
                    if product_total_money <= user_money:
                        # 将商品添加到购物车
                        #1.获取序号对应的商品名称
                        product_name = product_list[num_xh-1]['name']
                        ret = shopping_cart.get(product_name)
# 去购物车查找对应的商品名称
                        # None
                        if ret:
```

```
                        ''' 购物车中已经存在了此商品，只需添加数量 '''
                        # 获取购物车中原有的数量
                        yysl = shopping_cart[product_name]
                        # 总共的数量
                        shopping_cart[product_name] = yysl+num_sl
                        print(shopping_cart)

                    else:
                        ''' 添加商品和数量 '''
                        shopping_cart[product_name] = num_sl
                        print(shopping_cart)
                        # 去购物车进行查询，如果有就添加数量，如果没有就添加
商品和数量

                        # 输出用户剩余的钱
                        user_money = user_money-product_total_money
                        print('用户剩余的钱: ', user_money)
                    else:
                        ''' 商品的总价格超过了用户的钱 '''
                        print('亲，余额不足…')
                        break
                else:
                    ''' 输入的不是数字 '''
                    print('数量是数字哦。')
            else:
                ''' 输入的序号超出了范围 '''
                print('看清楚再输入')
        else:
            ''' 输入的不是数字 '''
            print('序号应由数字组成，请输入数字')
else:
    ''' 输入的不是数字 '''
    print('你的钱怎么不是数字呢')
```

程序运行结果如下:

```
请展示一下你的钱: 120
水果的序号: 1, 名称: 苹果, 价格: 10
水果的序号: 2, 名称: 榴莲, 价格: 30
水果的序号: 3, 名称: 草莓, 价格: 20
水果的序号: 4, 名称: 菠萝, 价格: 15
水果的序号: 5, 名称: 西瓜, 价格: 12
请输入序号: 1
请输入数量: 3
```

```
{'苹果': 3}
用户剩余的钱： 90
请输入序号：4
请输入数量：3
{'苹果': 3, '菠萝': 3}
用户剩余的钱： 45
请输入序号：5
请输入数量：2
{'苹果': 3, '菠萝': 3, '西瓜': 2}
用户剩余的钱： 21
请输入序号：2
请输入数量：5
亲，余额不足...
```

一、实验目的

（1）掌握字符串的处理方式。

（2）掌握字典的用法。

（3）掌握函数的用法。

（4）掌握文件的用法。

（5）理解类的用法。

二、实验预备知识

Python主教材各模块基础知识。

三、实验内容

1. 场景分析

李勇同学去银行办理业务，现在的银行业务基本都可以在ATM机上实现，接下来他需要办理哪些业务呢？我们尽量穷举出来：查余额、存款、取款、转账、修改密码、挂失锁卡、解锁卡片、开户、补卡、销户等，这些操作目前可以在ATM机上办理，可能中间授权时需要叫银行大厅的管理员帮忙处理。

2. 功能模块分析

（1）确定系统中的对象。

这里包含4个对象：李勇、银行卡、银行管理员、ATM机。根据这4个对象实现对应的功能。

（2）对象中的功能实现。

① 银行卡：主要包含初始化操作。

答案解析：

```
# 银行卡：卡号，卡的密码，余额
class Card(object):
    # 对银行卡类进行初始化
    def _ _init_ _(self, cardId, cardPasswd, cardMoney):
        self.cardId = cardId
        self.cardPasswd = cardPasswd
        self.cardMoney = cardMoney
        self.cardLock = False        # 后面锁卡时需要有个卡的状态
if _ _name_ _ == '_ _main_ _':
    card = Card('1','passwd',1000)
    print('卡号 \t',card.cardId)
    print('卡的密码 \t',card.cardPasswd)
    print('余额 \t',card.cardMoney)
    print('卡的状态 \t',card.cardLock)
```

程序运行结果如下：

```
卡号      1
卡的密码          passwd
余额      1000
卡的状态          False
```

② 李勇：主要包含初始化操作。

```
# 客户：姓名，身份证号，手机号，银行卡
class User(object):

    # 对客户类进行初始化
    def _ _init_ _(self, name, idCard, phone, card):
        self.name = name
        self.idCard = idCard
        self.phone = phone
        self.card = card
if _ _name_ _ == '_ _main_ _':
    user=User('my','001','001','001')
    print('姓名 \t',user.name)
    print('身份证号 \t',user.idCard)
    print('手机号 \t',user.phone)
    print('银行卡 \t',user.card)
```

程序运行结果如下：

```
姓名        李勇
身份证号        410104199810143615
手机号  13548725511
银行卡   6222620621112854596
```

③ 管理员：拥有最高权限，对用户所进行的操作授权。

答案解析：

```python
import time
class Admin(object):
    # 为管理员设置账号密码
    admin = "1"
    passwd = "1"
    # 把初始界面放在管理员类
    def printAdminView(self):
        print("*****************************************************")
        print("*                                                 *")
        print("*                                                 *")
        print("*                 欢迎登录银行                      *")
        print("*                                                 *")
        print("*                                                 *")
        print("*****************************************************")

    # 管理员登录后的界面
    def printSysFunctionView(self):
        print("*****************************************************")
        print("*        开户（1）              查询（2）           *")
        print("*        取款（3）              存款（4）           *")
        print("*        转账（5）              改密（6）           *")
        print("*        锁定（7）              解锁（8）           *")
        print("*        补卡（9）              销户（0）           *")
        print("*                    退出（q）                     *")
        print("*****************************************************")

    # 验证是不是管理员，然后再决定是不是授权
    def adminOption(self):
        inputAdmin = input("请输入管理员账号：")
        if self.admin != inputAdmin:
            print("输入账号有误！")
            return -1
        inputPasswd = input("请输入管理员密码：")
```

```
        if self.passwd != inputPasswd:
            print(" 密码输入有误！ ")
            return -1

        # 能执行到这里说明账号密码正确
        print(" 操作成功，请稍候……")
        time.sleep(2)
        return 0

    # 调用函数后显示所有存储的信息内容
    def ban(self, allUsers):
        for key in allUsers:
            print(" 账号: "+key+"\n"+" 姓名:"+allUsers[key].name+
"\n"+" 身份证号: "+allUsers[key].idCard+"\n"+" 电话号码: "+allUsers[
                key].phone+"\n"+" 银行卡密码: "+allUsers[key].card.
cardPasswd+"\n")

if _ _name_ _ == '_ _main_ _':
    admin=Admin()
    admin.printAdminView()
    admin.printSysFunctionView()
admin.adminOption()
```

程序运行结果如下：

```
**************************************************
*                                                *
*                                                *
*                欢迎登录银行                      *
*                                                *
*                                                *
**************************************************
**************************************************
*                                                *
*        开户（1）           查询（2）            *
*        取款（3）           存款（4）            *
*        转账（5）           改密（6）            *
*        锁定（7）           解锁（8）            *
*        补卡（9）           销户（0）            *
*                   退出（q）                     *
**************************************************
请输入管理员账号：1
请输入管理员密码：1
操作成功，请稍候……
```

④ ATM机：开户功能，需要建立一系列的属性，并且这些信息还需要存储起来。这些信息可以使用一个键值对来存储，那么key用哪个属性呢？考虑一下，姓名：可能有重名的；身份证号：这个人也许会办不止一张卡；最保险的就是卡号了，不会有卡号相同。于是，将卡号作为key，其他个人信息、银行卡信息都存到value中去。

```python
# 开户
def creatUser(self):
    # 目标：向用户字典中添加一对键值对（卡号 -> 用户）
    name = input("请输入您的名字：")
    idCard = input("请输入您的身份证号：")
    phone = input("请输入您的电话号码：")
    prestoreMoney = int(input("请输入预存款金额："))
    if prestoreMoney < 0:
        print("预存款输入有误！开户失败")
        return -1
    onePasswd = input("请设置密码：")
    # 生成银行卡号
    cardStr=self.randomCardId()                # 生成号码通过函数实现
    card=Card(cardStr, onePasswd, prestoreMoney)  # 把卡的信息放到这张卡的对象中
    user=User(name, idCard, phone, card)       # 个人信息也存入客户的对象中
    # 存到字典
    self.allUsers[cardStr] = user # 实现通过银行卡号来索引个人信息以及里面的银行卡属性
    print("开户成功！请记住卡号："+cardStr)
```

在ATM机功能中还需要实现查询、取款、存款、转账、改密、锁定、解锁、补卡、销户功能。

```python
import random
class ATM(object):
    # 现在就在 ATM 下初始化一个字典
    def _ _init_ _(self, allUsers):
        self.allUsers = allUsers                    # 用户字典

    # 开户
    def creatUser(self):
        # 目标：向用户字典中添加一对键值对（卡号 -> 用户）
        name = input("请输入您的名字：")
        idCard = input("请输入您的身份证号：")
        phone = input("请输入您的电话号码：")
        prestoreMoney = int(input("请输入预存款金额："))
        if prestoreMoney < 0:
            print("预存款输入有误！开户失败")
```

```
                return -1

            onePasswd = input("请设置密码: ")
            # 验证密码
            if not self.checkPasswd(onePasswd):
                print("输入密码错误, 开户失败! ")
                return -1

            # 生成银行卡号
            cardStr = self.randomCardId()
            card=Card(cardStr, onePasswd, prestoreMoney)

            user = User(name, idCard, phone, card)
            # 存到字典
            self.allUsers[cardStr]=user
            print("开户成功! 请记住卡号: "+cardStr)


        '''
        上面没有介绍如何生成银行卡, 这个其实不难, 只要随机生成一组数就可以了, 不过需保证不能
    和前面已经有的卡号重复, 否则索引就有问题了
        '''
        # 查询
        def searchUserInfo(self):
            cardNum = input("请输入您的卡号: ")
            # 验证是否存在该卡号
            user = self.allUsers.get(cardNum)
            if not user:
                print("该卡号不存在, 查询失败! ")
                return -1
            # 判断是否锁定
            if user.card.cardLock:
                print("该卡已锁定! 请解锁后再使用其功能! ")
                return -1

            # 验证密码
            if not self.checkPasswd(user.card.cardPasswd):
                print("密码输入有误, 该卡已锁定! 请解锁后再使用其功能! ")
                user.card.cardLock=True
                return -1
            print("账号: %s 余额: %d" % (user.card.cardId, user.card.cardMoney))


        # 取款
```

```python
def getMoney(self):
    cardNum = input("请输入您的卡号: ")
    # 验证是否存在该卡号
    user=self.allUsers.get(cardNum)
    if not user:
        print("该卡号不存在, 取款失败! ")
        return -1
    # 判断是否锁定
    if user.card.cardLock:
        print("该卡已锁定! 请解锁后再使用其功能! ")
        return -1

    # 验证密码
    if not self.checkPasswd(user.card.cardPasswd):
        print("密码输入有误, 该卡已锁定! 请解锁后再使用其功能! ")
        user.card.cardLock=True
        return -1

    # 开始取款
    amount=int(input("验证成功! 请输入取款金额: "))
    if amount > user.card.cardMoney:
        print("取款金额有误, 取款失败! ")
        return -1
    if amount < 0:
        print("取款金额有误, 取款失败! ")
        return -1
    user.card.cardMoney -= amount
    print("您取款 %d 元, 余额为 %d 元! " % (amount, user.card.cardMoney))


# 存款
def saveMoney(self):
    cardNum = input("请输入您的卡号: ")
    # 验证是否存在该卡号
    user = self.allUsers.get(cardNum)
    if not user:
        print("该卡号不存在, 存款失败! ")
        return -1
    # 判断是否锁定
    if user.card.cardLock:
        print("该卡已锁定! 请解锁后再使用其功能! ")
        return -1
```

```python
        # 验证密码
        if not self.checkPasswd(user.card.cardPasswd):
            print("密码输入有误，该卡已锁定！请解锁后再使用其功能！")
            user.card.cardLock=True
            return -1

        # 开始存款
        amount = int(input("验证成功！请输入存款金额："))
        if amount < 0:
            print("存款金额有误，存款失败！")
            return -1
        user.card.cardMoney += amount
        print("您存款%d元，最新余额为%d元！" % (amount, user.card.cardMoney))

    # 转账
    def transferMoney(self):
        cardNum = input("请输入您的卡号：")
        # 验证是否存在该卡号
        user = self.allUsers.get(cardNum)
        if not user:
            print("该卡号不存在，转账失败！")
            return -1
        # 判断是否锁定
        if user.card.cardLock:
            print("该卡已锁定！请解锁后再使用其功能！")
            return -1

        # 验证密码
        if not self.checkPasswd(user.card.cardPasswd):
            print("密码输入有误，该卡已锁定！请解锁后再使用其功能！")
            user.card.cardLock = True
            return -1

        # 开始转账
        amount = int(input("验证成功！请输入转账金额："))
        if amount > user.card.cardMoney or amount < 0:
            print("金额有误，转账失败！")
            return -1

        newcard = input("请输入转入账户：")
        newuser = self.allUsers.get(newcard)
        if not newuser:
```

```
        print("该卡号不存在，转账失败！")
        return -1
    # 判断是否锁定
    if newuser.card.cardLock:
        print("该卡已锁定！请解锁后再使用其功能！")
        return -1
    user.card.cardMoney -= amount
    newuser.card.cardMoney += amount
    time.sleep(1)
    print("转账成功，请稍候......")
    time.sleep(1)
    print("转账金额 %d 元，余额为 %d 元！" % (amount, user.card.cardMoney))


# 改密
def changePasswd(self):
    cardNum = input("请输入您的卡号：")
    # 验证是否存在该卡号
    user = self.allUsers.get(cardNum)
    if not user:
        print("该卡号不存在，改密失败！")
        return -1
    # 判断是否锁定
    if user.card.cardLock:
        print("该卡已锁定！请解锁后再使用其功能！")
        return -1


    # 验证密码
    if not self.checkPasswd(user.card.cardPasswd):
        print("密码输入有误，该卡已锁定！请解锁后再使用其功能！")
        user.card.cardLock=True
        return -1
    print("正在验证，请稍候......")
    time.sleep(1)
    print("验证成功！")
    time.sleep(1)


    # 开始改密
    newPasswd = input("请输入新密码：")
    if not self.checkPasswd(newPasswd):
        print("密码错误，改密失败！")
        return -1
    user.card.cardPasswd = newPasswd
```

```python
        print("改密成功! 请稍候! ")


    # 锁定
    def lockUser(self):
        cardNum = input("请输入您的卡号: ")
        # 验证是否存在该卡号
        user = self.allUsers.get(cardNum)
        if not user:
            print("该卡号不存在, 锁定失败! ")
            return -1
        if user.card.cardLock:
            print("该卡已被锁定, 请解锁后再使用其功能! ")
            return -1
        if not self.checkPasswd(user.card.cardPasswd):
            print("密码输入有误, 锁定失败! ")
            return -1
        tempIdCard = input("请输入您的身份证号: ")
        if tempIdCard != user.idCard:
            print("身份证号输入有误, 锁定失败! ")
            return -1
        # 锁定
        user.card.cardLock=True
        print("锁定成功! ")


    # 解锁
    def unlockUser(self):
        cardNum = input("请输入您的卡号: ")
        # 验证是否存在该卡号
        user = self.allUsers.get(cardNum)
        if not user:
            print("该卡号不存在, 解锁失败! ")
            return -1
        if not user.card.cardLock:
            print("该卡未被锁定, 无须解锁! ")
            return -1
        if not self.checkPasswd(user.card.cardPasswd):
            print("密码输入有误, 解锁失败! ")
            return -1
        tempIdCard = input("请输入您的身份证号: ")
        if tempIdCard != user.idCard:
            print("身份证号输入有误, 解锁失败! ")
```

```
            return -1
        # 解锁
        user.card.cardLock = False
        print("解锁成功！")


    # 补卡
    def newCard(self):
        cardNum = input("请输入您的卡号：")
        # 验证是否存在该卡号
        user = self.allUsers.get(cardNum)
        if not user:
            print("该卡号不存在！")
            return -1
        tempname = input("请输入您的姓名：")
        tempidcard = input("请输入您的身份证号：")
        tempphone = input("请输入您的手机号码：")
        if tempname != self.allUsers[cardNum].name\
                or tempidcard != self.allUsers[cardNum].idCard\
                or tempphone != self.allUsers[cardNum].phone:
            print("信息有误，补卡失败！")
            return -1
        newPasswd = input("请输入您的新密码：")
        if not self.checkPasswd(newPasswd):
            print("密码错误，补卡失败！")
            return -1
        self.allUsers[cardNum].card.cardPasswd=newPasswd
        time.sleep(1)
        print("补卡成功，请牢记您的新密码！")


    # 销户
    def killUser(self):
        cardNum = input("请输入您的卡号：")
        # 验证是否存在该卡号
        user = self.allUsers.get(cardNum)
        if not user:
            print("该卡号不存在，转账失败！")
            return -1
        # 判断是否锁定
        if user.card.cardLock:
            print("该卡已锁定！请解锁后再使用其功能！")
            return -1
        # 验证密码
```

```
            if not self.checkPasswd(user.card.cardPasswd):
                print("密码输入有误，该卡已锁定！请解锁后再使用其功能！")
                user.card.cardLock=True
                return -1
        del self.allUsers[cardNum]
        time.sleep(1)
        print("销户成功，请稍候！")
```

在主函数中，可以进行以下提示：

```
# 主函数，不在上面的类中
def main():
    # 界面对象
    admin = Admin()
    # 管理员开机
    admin.printAdminView()
    if admin.adminOption():
        return -1
    # 提款机对象
    filepath = os.path.join(os.getcwd(), "allusers.txt")
    f = None
    try:
        f = open(filepath, "rb")
    except:
        with open(filepath, 'wb') as f:
            pickle.dump({}, f)
        f = open(filepath, "rb")
    allUsers = pickle.load(f)
    atm = ATM(allUsers)
    while True:
        admin.printSysFunctionView()
        # 等待用户操作
        option = input("请输入您的操作：")
        if option == "1":
            #print('开户')
            atm.creatUser()
        elif option == "2":
            #print("查询")
            atm.searchUserInfo()
        elif option == "3":
            #print("取款")
            atm.getMoney()
        elif option == "4":
```

```
            #print(" 存储 ")
            atm.saveMoney()
        elif option == "5":
            #print(" 转账 ")
            atm.transferMoney()
        elif option == "6":
            #print(" 改密 ")
            atm.changePasswd()
        elif option == "7":
            #print(" 锁定 ")
            atm.lockUser()
        elif option == "8":
            #print(" 解锁 ")
            atm.unlockUser()
        elif option == "9":
            #print(" 补卡 ")
            atm.newCard()
        elif option == "0":
            #print(" 销户 ")
            atm.killUser()
        elif option == "q":
            #print(" 退出 ")
            if not admin.adminOption():
                # 将当前系统中的用户信息保存到文件当中
                f = open(filepath, "wb")
                pickle.dump(atm.allUsers, f)
                f.close()
                return -1
                # 这是上面使用这个功能的入口，并没有显式地展示出来，仅当管理员这样
操作时会调用函数
        elif option == "1122332244":
            admin.ban(allUsers)
        time.sleep(2)
```

下面给出完整代码：

```
import time
import random
import pickle
import os
class Card(object):
    def _ _init_ _(self, cardId, cardPasswd, cardMoney):
        self.cardId=cardId
```

```python
        self.cardPasswd = cardPasswd
        self.cardMoney = cardMoney
        self.cardLock = False          # 后面锁卡时需要有个卡的状态


class User(object):
    def __init__(self, name, idCard, phone, card):
        self.name = name
        self.idCard = idCard
        self.phone = phone
        self.card = card


class Admin(object):
    admin = "1"
    passwd = "1"

    def printAdminView(self):
        print("****************************************************")
        print("*                                                  *")
        print("*                                                  *")
        print("*                    欢迎登录银行                    *")
        print("*                                                  *")
        print("*                                                  *")
        print("****************************************************")

    def printSysFunctionView(self):
        print("****************************************************")
        print("*         开户（1）          查询（2）            *")
        print("*         取款（3）          存款（4）            *")
        print("*         转账（5）          改密（6）            *")
        print("*         锁定（7）          解锁（8）            *")
        print("*         补卡（9）          销户（0）            *")
        print("*                    退出（q）                    *")
        print("****************************************************")

    def adminOption(self):
        inputAdmin = input("请输入管理员账号：")
        if self.admin != inputAdmin:
            print("输入账号有误！")
            return -1
        inputPasswd = input("请输入管理员密码：")
```

```
            if self.passwd != inputPasswd:
                print(" 密码输入有误！")
                return -1

            # 能执行到这里说明账号密码正确
            print(" 操作成功，请稍候……")
            time.sleep(2)
            return 0

    def ban(self, allUsers):
        for key in allUsers:
            print(" 账号："+key+"\n"+" 姓名："+allUsers[key].name+
"\n"+" 身份证号："+allUsers[key].idCard+"\n"+" 电话号码："+allUsers[
            key].phone+"\n"+" 银行卡密码："+allUsers[key].card.
cardPasswd+"\n")


class ATM(object):
    def _ _init_ _(self, allUsers):
        self.allUsers = allUsers # 用户字典

    # 开户
    def creatUser(self):
        # 目标：向用户字典中添加一对键值对（卡号 -> 用户）
        name = input(" 请输入您的名字：")
        idCard = input(" 请输入您的身份证号：")
        phone = input(" 请输入您的电话号码：")
        prestoreMoney = int(input(" 请输入预存款金额："))
        if prestoreMoney<0:
            print(" 预存款输入有误！开户失败")
            return -1

        onePasswd = input(" 请设置密码：")
        # 验证密码
        if not self.checkPasswd(onePasswd):
            print(" 输入密码错误，开户失败！")
            return -1

        # 生成银行卡号
        cardStr = self.randomCardId()
        card = Card(cardStr, onePasswd, prestoreMoney)
```

```
        user = User(name, idCard, phone, card)
        # 存到字典
        self.allUsers[cardStr] = user
        print("开户成功! 请记住卡号: "+cardStr)


    # 查询
    def searchUserInfo(self):
        cardNum = input("请输入您的卡号: ")
        # 验证是否存在该卡号
        user = self.allUsers.get(cardNum)
        if not user:
            print("该卡号不存在, 查询失败! ")
            return -1
        # 判断是否锁定
        if user.card.cardLock:
            print("该卡已锁定! 请解锁后再使用其功能! ")
            return -1

        # 验证密码
        if not self.checkPasswd(user.card.cardPasswd):
            print("密码输入有误, 该卡已锁定! 请解锁后再使用其功能! ")
            user.card.cardLock=True
            return -1
        print("账号: %s 余额: %d" % (user.card.cardId, user.card.cardMoney))

    # 取款
    def getMoney(self):
        cardNum = input("请输入您的卡号: ")
        # 验证是否存在该卡号
        user = self.allUsers.get(cardNum)
        if not user:
            print("该卡号不存在, 取款失败! ")
            return -1
        # 判断是否锁定
        if user.card.cardLock:
            print("该卡已锁定! 请解锁后再使用其功能! ")
            return -1

        # 验证密码
        if not self.checkPasswd(user.card.cardPasswd):
            print("密码输入有误, 该卡已锁定! 请解锁后再使用其功能! ")
            user.card.cardLock=True
```

```
        return -1

    # 开始取款
    amount = int(input("验证成功! 请输入取款金额: "))
    if amount > user.card.cardMoney:
        print("取款金额有误, 取款失败! ")
        return -1
    if amount < 0:
        print("取款金额有误, 取款失败! ")
        return -1
    user.card.cardMoney -= amount
    print("您取款 %d 元, 余额为 %d 元! " % (amount, user.card.cardMoney))


# 存款
def saveMoney(self):
    cardNum = input("请输入您的卡号: ")
    # 验证是否存在该卡号
    user = self.allUsers.get(cardNum)
    if not user:
        print("该卡号不存在, 存款失败! ")
        return -1
    # 判断是否锁定
    if user.card.cardLock:
        print("该卡已锁定! 请解锁后再使用其功能! ")
        return -1

    # 验证密码
    if not self.checkPasswd(user.card.cardPasswd):
        print("密码输入有误, 该卡已锁定! 请解锁后再使用其功能! ")
        user.card.cardLock=True
        return -1

    # 开始存款
    amount = int(input("验证成功! 请输入存款金额: "))
    if amount < 0:
        print("存款金额有误, 存款失败! ")
        return -1
    user.card.cardMoney += amount
    print("您存款 %d 元, 最新余额为 %d 元! " % (amount, user.card.cardMoney))


# 转账
def transferMoney(self):
```

```python
        cardNum = input("请输入您的卡号：")
        # 验证是否存在该卡号
        user = self.allUsers.get(cardNum)
        if not user:
            print("该卡号不存在，转账失败！")
            return -1
        # 判断是否锁定
        if user.card.cardLock:
            print("该卡已锁定！请解锁后再使用其功能！")
            return -1

        # 验证密码
        if not self.checkPasswd(user.card.cardPasswd):
            print("密码输入有误，该卡已锁定！请解锁后再使用其功能！")
            user.card.cardLock=True
            return -1

        # 开始转账
        amount = int(input("验证成功！请输入转账金额："))
        if amount > user.card.cardMoney or amount<0:
            print("金额有误，转账失败！")
            return -1

        newcard = input("请输入转入账户：")
        newuser = self.allUsers.get(newcard)
        if not newuser:
            print("该卡号不存在，转账失败！")
            return -1
        # 判断是否锁定
        if newuser.card.cardLock:
            print("该卡已锁定！请解锁后再使用其功能！")
            return -1
        user.card.cardMoney -= amount
        newuser.card.cardMoney += amount
        time.sleep(1)
        print("转账成功，请稍候……")
        time.sleep(1)
        print("转账金额%d元，余额为%d元！" % (amount, user.card.cardMoney))

    # 改密
    def changePasswd(self):
        cardNum = input("请输入您的卡号：")
```

```
# 验证是否存在该卡号
user = self.allUsers.get(cardNum)
if not user:
    print("该卡号不存在，改密失败！")
    return -1
# 判断是否锁定
if user.card.cardLock:
    print("该卡已锁定！请解锁后再使用其功能！")
    return -1

# 验证密码
if not self.checkPasswd(user.card.cardPasswd):
    print("密码输入有误，该卡已锁定！请解锁后再使用其功能！")
    user.card.cardLock=True
    return -1
print("正在验证，请稍候……")
time.sleep(1)
print("验证成功！")
time.sleep(1)

# 开始改密
newPasswd = input("请输入新密码：")
if not self.checkPasswd(newPasswd):
    print("密码错误，改密失败！")
    return -1
user.card.cardPasswd=newPasswd
print("改密成功！请稍候！")


# 锁定
def lockUser(self):
    cardNum = input("请输入您的卡号：")
    # 验证是否存在该卡号
    user = self.allUsers.get(cardNum)
    if not user:
        print("该卡号不存在，锁定失败！")
        return -1
    if user.card.cardLock:
        print("该卡已被锁定，请解锁后再使用其功能！")
        return -1
    if not self.checkPasswd(user.card.cardPasswd):
        print("密码输入有误，锁定失败！")
        return -1
```

```
        tempIdCard = input("请输入您的身份证号：")
        if tempIdCard != user.idCard:
            print("身份证号输入有误，锁定失败！")
            return -1
        # 锁定
        user.card.cardLock = True
        print("锁定成功！")


    # 解锁
    def unlockUser(self):
        cardNum = input("请输入您的卡号：")
        # 验证是否存在该卡号
        user = self.allUsers.get(cardNum)
        if not user:
            print("该卡号不存在，解锁失败！")
            return -1
        if not user.card.cardLock:
            print("该卡未被锁定，无须解锁！")
            return -1
        if not self.checkPasswd(user.card.cardPasswd):
            print("密码输入有误，解锁失败！")
            return -1
        tempIdCard = input("请输入您的身份证号：")
        if tempIdCard != user.idCard:
            print("身份证号输入有误，解锁失败！")
            return -1
        # 解锁
        user.card.cardLock = False
        print("解锁成功！")


    # 补卡
    def newCard(self):
        cardNum = input("请输入您的卡号：")
        # 验证是否存在该卡号
        user = self.allUsers.get(cardNum)
        if not user:
            print("该卡号不存在！")
            return -1
        tempname = input("请输入您的姓名：")
        tempidcard = input("请输入您的身份证号：")
        tempphone = input("请输入您的手机号：")
```

```
            if tempname != self.allUsers[cardNum].name\
                    or tempidcard != self.allUsers[cardNum].idCard\
                    or tempphone != self.allUsers[cardNum].phone:
                print("信息有误，补卡失败！")
                return -1
        newPasswd = input("请输入您的新密码：")
        if not self.checkPasswd(newPasswd):
            print("密码错误，补卡失败！")
            return -1
        self.allUsers[cardNum].card.cardPasswd = newPasswd
        time.sleep(1)
        print("补卡成功，请牢记您的新密码！")


    # 销户
    def killUser(self):
        cardNum = input("请输入您的卡号：")
        # 验证是否存在该卡号
        user = self.allUsers.get(cardNum)
        if not user:
            print("该卡号不存在，转账失败！")
            return -1
        # 判断是否锁定
        if user.card.cardLock:
            print("该卡已锁定！请解锁后再使用其功能！")
            return -1
        # 验证密码
        if not self.checkPasswd(user.card.cardPasswd):
            print("密码输入有误，该卡已锁定！请解锁后再使用其功能！")
            user.card.cardLock=True
            return -1
        del self.allUsers[cardNum]
        time.sleep(1)
        print("销户成功，请稍候！")
    # 验证密码
    def checkPasswd(self, realPasswd):
        for i in range(3):
            tempPasswd = input("请输入密码：")
            if tempPasswd == realPasswd:
                return True
        return False
    # 生成卡号
    def randomCardId(self):
```

```
        while True:
            str = ""
            for i in range(6):
                ch = chr(random.randrange(ord("0"), ord("9")+1))
                str += ch
            # 判断是否重复
            if not self.allUsers.get(str):
                return str
# 主函数，不在上面的类中
def main():
    # 界面对象
    admin = Admin()
    # 管理员开机
    admin.printAdminView()
    if admin.adminOption():
        return -1
    # 提款机对象
    filepath = os.path.join(os.getcwd(), "allusers.txt")
    f = None
    try:
        f = open(filepath, "rb")
    except:
        with open(filepath, 'wb') as f:
            pickle.dump({}, f)
        f = open(filepath, "rb")
    allUsers = pickle.load(f)
    atm = ATM(allUsers)
    while True:
        admin.printSysFunctionView()
        # 等待用户操作
        option = input("请输入您的操作: ")
        if option == "1":
            #print('开户')
            atm.creatUser()
        elif option == "2":
            #print("查询")
            atm.searchUserInfo()
        elif option == "3":
            #print("取款")
            atm.getMoney()
        elif option == "4":
            #print("存储")
```

```
                atm.saveMoney()
        elif option == "5":
                #print("转账")
                atm.transferMoney()
        elif option == "6":
                #print("改密")
                atm.changePasswd()
        elif option == "7":
                #print("锁定")
                atm.lockUser()
        elif option == "8":
                #print("解锁")
                atm.unlockUser()
        elif option == "9":
                #print("补卡")
                atm.newCard()
        elif option == "0":
                #print("销户")
                atm.killUser()
        elif option == "q":
                #print("退出")
                if not admin.adminOption():
                        #将当前系统中的用户信息保存到文件当中
                        f=open(filepath, "wb")
                        pickle.dump(atm.allUsers, f)
                        f.close()
                        return -1
        elif option == "1122332244":
                admin.ban(allUsers)
        time.sleep(2)
if __name__ == "__main__":
    main()
```

程序运行结果如下:

```
**************************************************
*                                                *
*                                                *
*                欢迎登录银行                      *
*                                                *
*                                                *
**************************************************
请输入管理员账号: 1
```

```
请输入管理员密码：1
操作成功，请稍候……
*********************************************
*          开户（1）          查询（2）          *
*          取款（3）          存款（4）          *
*          转账（5）          改密（6）          *
*          锁定（7）          解锁（8）          *
*          补卡（9）          销户（0）          *
*                      退出（q）                      *
*********************************************
请输入您的操作：1
请输入您的名字：001
请输入您的身份证号：001
请输入您的电话号码：001
请输入预存款金额：10000
请设置密码：001
请输入密码：001
开户成功！请记住卡号：359044
*********************************************
*          开户（1）          查询（2）          *
*          取款（3）          存款（4）          *
*          转账（5）          改密（6）          *
*          锁定（7）          解锁（8）          *
*          补卡（9）          销户（0）          *
*                      退出（q）                      *
*********************************************
请输入您的操作：2
请输入您的卡号：359044
请输入密码：001
账号：359044      余额：10000
*********************************************
*          开户（1）          查询（2）          *
*          取款（3）          存款（4）          *
*          转账（5）          改密（6）          *
*          锁定（7）          解锁（8）          *
*          补卡（9）          销户（0）          *
*                      退出（q）                      *
*********************************************
请输入您的操作：3
请输入您的卡号：359044
请输入密码：001
验证成功！请输入取款金额：100
```

您取款 100 元，余额为 9900 元！

```
********************************************
*        开户（1）            查询（2）        *
*        取款（3）            存款（4）        *
*        转账（5）            改密（6）        *
*        锁定（7）            解锁（8）        *
*        补卡（9）            销户（0）        *
*                    退出（q）                 *
********************************************
```
请输入您的操作：4
请输入您的卡号：359044
请输入密码：001
验证成功！请输入存款金额：1000000
您存款 1000000 元，最新余额为 1009900 元！

```
********************************************
*        开户（1）            查询（2）        *
*        取款（3）            存款（4）        *
*        转账（5）            改密（6）        *
*        锁定（7）            解锁（8）        *
*        补卡（9）            销户（0）        *
*                    退出（q）                 *
********************************************
```
请输入您的操作：6
请输入您的卡号：359044
请输入密码：001
正在验证，请稍候……
验证成功！
请输入新密码：001
请输入密码：001
改密成功！请稍候！

```
********************************************
*        开户（1）            查询（2）        *
*        取款（3）            存款（4）        *
*        转账（5）            改密（6）        *
*        锁定（7）            解锁（8）        *
*        补卡（9）            销户（0）        *
*                    退出（q）                 *
********************************************
```
请输入您的操作：7
请输入您的卡号：359044
请输入密码：001
请输入您的身份证号码：001

锁定成功！

```
*******************************************
*          开户（1）          查询（2）          *
*          取款（3）          存款（4）          *
*          转账（5）          改密（6）          *
*          锁定（7）          解锁（8）          *
*          补卡（9）          销户（0）          *
*                    退出（q）                    *
*******************************************
```

请输入您的操作：2
请输入您的卡号：359044
该卡已锁定！请解锁后再使用其功能！

```
*******************************************
*          开户（1）          查询（2）          *
*          取款（3）          存款（4）          *
*          转账（5）          改密（6）          *
*          锁定（7）          解锁（8）          *
*          补卡（9）          销户（0）          *
*                    退出（q）                    *
*******************************************
```

请输入您的操作：8
请输入您的卡号：359044
请输入密码：001
请输入您的身份证号：001
解锁成功！

```
*******************************************
*          开户（1）          查询（2）          *
*          取款（3）          存款（4）          *
*          转账（5）          改密（6）          *
*          锁定（7）          解锁（8）          *
*          补卡（9）          销户（0）          *
*                    退出（q）                    *
*******************************************
```

请输入您的操作：9
请输入您的卡号：359044
请输入您的姓名：001
请输入您的身份证号：001
请输入您的手机号码：001
请输入您的新密码：001
请输入密码：001
补卡成功，请牢记您的新密码！

```
*******************************************
```

```
*          开户（1）           查询（2）          *
*          取款（3）           存款（4）          *
*          转账（5）           改密（6）          *
*          锁定（7）           解锁（8）          *
*          补卡（9）           销户（0）          *
*                     退出（q）                   *
*************************************************
请输入您的操作：
*************************************************
*          开户（1）           查询（2）          *
*          取款（3）           存款（4）          *
*          转账（5）           改密（6）          *
*          锁定（7）           解锁（8）          *
*          补卡（9）           销户（0）          *
*                     退出（q）                   *
*************************************************
请输入您的操作：1
请输入您的名字：002
请输入您的身份证号：002
请输入您的电话号码：002
请输入预存款金额：200000000
请设置密码：002
请输入密码：002
开户成功！请记住卡号：285615
*************************************************
*          开户（1）           查询（2）          *
*          取款（3）           存款（4）          *
*          转账（5）           改密（6）          *
*          锁定（7）           解锁（8）          *
*          补卡（9）           销户（0）          *
*                     退出（q）                   *
*************************************************
请输入您的操作：5
请输入您的卡号：285615
请输入密码：002
验证成功！请输入转账金额：1000
请输入转入账户：359044
转账成功，请稍候……
转账金额1000元，余额为199999000元！
*************************************************
*          开户（1）           查询（2）          *
*          取款（3）           存款（4）          *
```

```
    *           转账（5）            改密（6）              *
    *           锁定（7）            解锁（8）              *
    *           补卡（9）            销户（0）              *
    *                       退出（q）                      *
    ****************************************************
请输入您的操作：0
请输入您的卡号：359044
请输入密码：001
销户成功，请稍候！
    ****************************************************
    *           开户（1）            查询（2）              *
    *           取款（3）            存款（4）              *
    *           转账（5）            改密（6）              *
    *           锁定（7）            解锁（8）              *
    *           补卡（9）            销户（0）              *
    *                       退出（q）                      *
    ****************************************************
请输入您的操作：q
请输入管理员账号：1
请输入管理员密码：1
操作成功，请稍候······
```